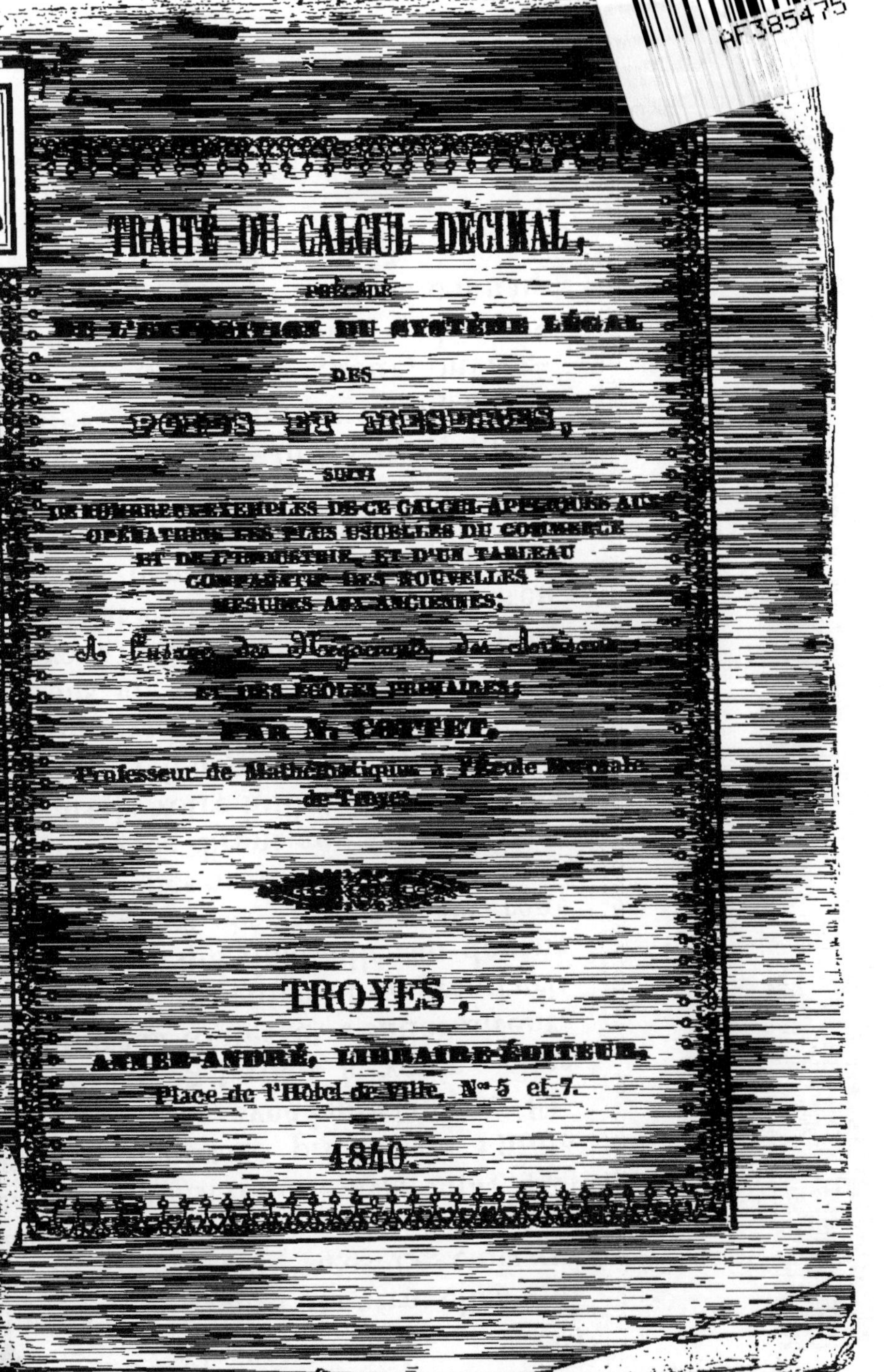

TRAITÉ DU CALCUL DÉCIMAL,

précédé

DE L'EXPOSITION DU SYSTÈME LÉGAL

DES

POIDS ET MESURES,

suivi

DE NOMBREUX EXEMPLES DE CE CALCUL APPLIQUÉS AUX
OPÉRATIONS LES PLUS USUELLES DU COMMERCE
ET DE L'INDUSTRIE, ET D'UN TABLEAU
COMPARATIF DES NOUVELLES
MESURES AUX ANCIENNES;

A l'usage des Négociants, des Artisans

ET DES ÉCOLES PRIMAIRES;

PAR M. COTTEL,

Professeur de Mathématiques à l'École Normale
de Troyes.

TROYES,

ANNER-ANDRÉ, LIBRAIRE-ÉDITEUR,
Place de l'Hôtel-de-Ville, Nos 5 et 7.

1840.

Il y en avait cinq d'entre elles qui
taient folles, et cinq sages. Les cinq qui
aient folles, ayant pris leurs lampes,
e prirent point d'huile avec elles. Les
ges au contraire prirent de l'huile
ans leurs vases, avec leurs lampes. Et,
mme l'époux tardait à venir, elles
assoupirent toutes et s'endormirent.
ur le minuit on entendit un grand cri:
pici l'époux qui vient, allez au-devant
lui. Toutes ces vierges se levèrent
ssitôt et elles ornèrent leurs lampes.
ais les folles dirent aux sages : Don-
z-nous de votre huile, parce que nos
npes s'éteignent. Les sages leur
pondirent : De peur que ce que nous
savons ne suffise pas pour nous et
ur vous, allez plutôt à ceux qui en
dent, et achetez-en ce qu'il vous en
t. Mais, pendant qu'elles en étaient
les acheter, l'époux vint ; et celles qui
ent prêtes entrèrent avec lui aux
es : et la porte fut fermée. Enfin
autres vierges vinrent aussi, et lui
nt : Seigneur, Seigneur, ouvrez-
s. Mais il leur répondit : Je vous
en vérité, que je ne vous connais

4*

TRAITÉ DU CALCUL DÉCIMAL,

PRÉCÉDÉ

DE L'EXPOSITION DU SYSTÈME LÉGAL

DES

POIDS ET MESURES,

SUIVI

DE NOMBREUX EXEMPLES DE CE CALCUL APPLIQUÉS AUX
OPÉRATIONS LES PLUS USUELLES DU COMMERCE
ET DE L'INDUSTRIE, ET D'UN TABLEAU
COMPARATIF DES NOUVELLES
MESURES AUX ANCIENNES;

A l'usage des Négociants, des Artisans

ET DES ÉCOLES PRIMAIRES;

PAR N. COTTET,

Professeur de Mathématiques à l'École Normale
de Troyes.

TROYES,

ANNER-ANDRÉ, LIBRAIRE-ÉDITEUR,
Place de l'Hôtel-de-Ville, Nᵒˢ 5 et 7.

1840.

*Seront réputés contrefaits tous les exemplai-
res qui ne porteront pas la signature de l'édi-
teur.*

Ommer-André

AVERTISSEMENT.

—

Ce petit ouvrage est destiné aux personnes qui connaissent déjà la numération des nombres entiers, et savent effectuer, sur ces nombres, les quatre premières opérations de l'arithmétique. Nous n'avons pas la prétention de vouloir présenter, sous un aussi petit volume, un traité complet de calcul. Nous exposerons seulement, le plus clairement qu'il nous sera possible, la théorie des fractions décimales, en faisant suivre l'exposition de cette théorie d'applications nombreuses aux opérations les plus usuelles du commerce et de l'industrie.

Nous ferons voir comment la division décimale, appliquée à notre nouveau système de poids et mesures, rend facile le calcul des quantités fractionnaires; nous nous attacherons surtout à faire ressortir l'avantage des nouvelles mesures sur les anciennes, et à montrer combien il est facile de se familiariser, en peu de temps, avec le langage simple et correct du nouveau système.

INTRODUCTION.

§. I. DE LA MESURE EN GÉNÉRAL.

Mesurer une grandeur, c'est la comparer à une quantité connue et de même espèce. Si nous voulons, par exemple, mesurer la longueur d'une table, nous prendrons une règle, un objet d'une longueur quelconque, le bâton que nous aurons à la main; nous présenterons ce bâton le long de la table, autant de fois que sa longueur y sera contenue; si elle est contenue 6 fois dans la longueur de la table, nous aurons une idée nette de cette dernière, en nous rappellant qu'elle est égale à 6 fois celle de notre bâton. Nous pourrons faire connaître cette grandeur au premier venu, en lui montrant le bâton qui nous aura servi de mesure, et en disant : La longueur de la table est égale à 6 fois celle-ci. Nous aurons donc réellement mesuré cette longueur.

Mais il est évident que nous aurions pu employer à cette mesure toute autre longueur que celle de notre bâton; nous aurions pu comparer la longueur de la table à la longueur d'un livre, d'un couteau, de notre main, etc., et nous en aurions acquis, par la comparaison de cette mesure, une idée également exacte.

Ce que nous venons de dire des longueurs peut s'appliquer à toute espèce de mesure.

Une mesure n'est donc autre chose qu'*une grandeur que l'on peut choisir arbitrairement, et à laquelle on compare les grandeurs de même espèce.*

Lorsqu'on mesure pour soi seulement, il est indifférent de prendre pour mesure telle ou telle grandeur ; mais il n'en est pas ainsi lorsqu'on veut communiquer à d'autres le résultat de ses observations : lorsqu'on veut faire connaître la grandeur d'objets éloignés dont on parle, il faut alors, pour être compris, se servir d'une mesure connue de tous, d'une grandeur généralement adoptée, pour servir de terme de comparaison aux quantités de l'espèce de celle dont on veut donner une idée.

Chaque pays, chaque province, a ses mesures consacrées par l'usage. Il est évident que plus le nombre de ces mesures est restreint, que moins il y a de mesures différentes pour une même espèce de grandeur, dans une étendue donnée de territoire, dans un royaume, par exemple, plus les relations commerciales sont faciles ; plus, au contraire, elles sont embarrassantes lorsque les mesures changent de ville à ville, de commune à commune. On est alors obligé, pour communiquer à quelque distance, de connaître les mesures employées dans chacune des contrées avec lesquelles on se trouve en relation.

Il n'est personne qui ne comprenne de quelle importance serait un système simple et unique de mesures, adapté aux usages, non-seulement d'une province, d'un état, mais de toute l'Europe, et, s'il se pouvait, de tout le monde civilisé De tout temps, on a senti l'importance d'un tel système, et à diverses époques on a tenté, spécialement en France, de régulariser les mesures, de faire adopter, dans toutes les parties du royaume, les mêmes mesures et les mêmes poids. Mais la routine, l'esprit de nationalité de chaque province, les dissensions politiques qui ont si long-temps divisé ces provinces, que la force des armes avait presque seule réunies en un seul corps d'état, ont rendu infructueuses toutes les tentatives faites à ce sujet.

Maintenant que ces diverses causes n'existent plus, sauf la routine, ennemie de toute innovation et que le temps seul peut vaincre, il nous est permis d'espérer que notre nouveau système de mesures, seul en usage déjà dans les administrations françaises, depuis 40 ans, et adopté par quelques états voisins de la France, finira par devenir d'un usage général dans tout le monde commercial, et remplacera tous les systèmes incohérents et compliqués, qui entravent les spéculations et alimentent la fraude.

§. II. INCONVÉNIENTS DES ANCIENNES MESURES.

Parmi les plus graves inconvénients que présentent nos anciennes mesures, nous citerons les suivants :

1° D'être multipliées à l'excès,

2° De n'avoir pas d'origine connue, pas de

1 *

(8

type auquel on puisse les comparer pour s'assurer de leur exactitude, d'où l'impossibilité
de constater les altérations que le temps et la
fraude peuvent leur avoir fait subir,

3° De n'avoir aucun rapport entre elles ni
avec notre système monétaire,

4° D'être subdivisées très-irrégulièrement
et chacune d'une manière distincte,

5° De présenter, dans la nomenclature de
leurs subdivisions, un chaos inextricable de
noms, pour la plupart insignifiants, noms qui
ne rappellent ni l'espèce de mesure à laquelle
appartiennent les subdivisions qu'ils désignent,
ni la relation de grandeur qui existe entre ces
subdivisions et les mesures auxquelles elles
appartiennent.

Qui pourrait maintenant nous dire l'origine
et la véritable longueur de la toise, établie,
dit-on, par le roi Charlemagne, et modifiée à
diverses époques, notamment dans le siècle
dernier ?

Comment vérifier cette mesure dont les
mathématiciens n'ont pu mieux préciser l'une
des subdivisions, le point, qu'en disant que 12
points formaient à-peu-près l'épaisseur d'un
grain d'orge ?

De deux toises de longueurs différentes, qui
pourrait nous indiquer la bonne ?

Qu'était-ce que ce poids d'une livre, valant
16 onces à Paris, 18 à Lyon et 12 à Mar-
seille ?

La livre seule, dont les parties se subdivi-
saient en 8, en 3, en 4, en 6, exigeait, pour la

nomenclature de ses subdivisions, autant de mots que notre nouveau système tout entier. C'était le marc, l'once, le gros, le denier, le carat, le grain, la drachme, le scrupule. Huit noms pour désigner les subdivisions d'une seule mesure ! Et ces noms, que signifient-ils ? Quel rapport ont-ils avec celui de l'unité principale ? Aucun. Rien, dans le mot *gros*, n'indique la huitième partie de l'once ; rien dans ce dernier mot ne rappelle le seizième d'une livre. Il en est de même de tous les noms de mesures anciennes.

Les mesures agraires présentaient bien encore une autre confusion : chaque commune avait la sienne ; quelques communes en avaient même une pour chaque nature de culture. Partout des grandeurs et des noms différents. Il en était de même pour les mesures des grains et des liquides.

§. III. AVANTAGES DES MESURES NOUVELLES.

La révolution française, à laquelle nous devons tant de réformes utiles, ne pouvait laisser subsister un tel état de choses ; un projet de régularisation des poids et mesures fut proposé à la Convention nationale et adopté. Les hommes les plus éclairés de l'époque furent chargés de la création d'un système uniforme de mesures, qui devait être adopté dans toutes les provinces soumises à la république. Ce système devait être basé sur un type inaltérable, afin qu'on pût, dans tous les temps et dans tous les lieux, retrouver et vérifier les mesures qu'on en aurait déduites ; ce type devait être choisi, non parmi les grandeurs locales, mais parmi celles qui appartiennent au monde entier, afin que l'esprit de nationalité ne mît aucun obstacle à l'adoption d'un système n'appartenant en particulier à aucune nation, mais appartenant à toutes.

Enfin, toutes les mesures devaient être déduites de ce type unique, avoir par conséquent une origine commune, et, par cela même, avoir entre elles les rapports les plus rapprochés ; de telle sorte que l'une d'elles étant connue on en pût facilement déduire toutes les autres.

Toutes ces conditions furent remplies avec un rare bonheur. On venait de terminer, en France, l'une des plus grandes opérations scientifiques qui aient jamais été conçues : on venait de déterminer, avec une rigoureuse précision, la forme et la grandeur du globe terrestre. La distance d'un pôle à l'équateur, c'est à-dire le quart de la circonférence de la terre, mesurée à l'aide d'une toise dont l'étalon était conservé à l'Académie des Sciences, avait été trouvée de 5,130,740 toises. La dix-millionième partie de cette longueur fournissait une mesure moyenne entre la toise et le pied de roi. Ce fut cette mesure, portative et commode, de la longueur d'une canne ordinaire, à peu près, que l'on adopta pour unité de longueur et pour type de tout le système. On donna à cette longueur le nom de *mètre*, du mot grec *metron*, mesure.

L'unité de longueur étant ainsi rigoureusement déterminée, un étalon en platine fut
confectionné sous les yeux d'une commission
de l'Académie, et conservé avec le plus grand
soin dans les archives de cette société. Cet
étalon a servi de modèle à tous les étalons
envoyés depuis dans les départements et dans
tous les lieux où le mètre est actuellement en
usage. L'inaltérabilité de cet étalon primitif
est assurée par l'inaltérabilité et le peu de di-
latabilité du métal employé à sa confection.

De la longueur du mètre, on déduisit :

1° Une mesure de superficie pour les terres ;
on donna à cette unité le nom d'*are*, du mot
latin *area*, surface ;

2° Une mesure de volume, pour tous les
solides, tels que bois, pierres et autres matériaux. Cette unité reçut le nom de *stère*, du
grec *stereos*, solide ;

3° Une mesure de capacité pour les liquides et les graines, qui fut nommée *litre*, du
grec *litra*, nom d'une ancienne mesure employée au même usage ;

4° Enfin, une unité de poids qui reçut d'a-
bord le nom de *grave*, changé depuis en celui
de *gramme*, du grec *gramma*, nom d'un ancien poids.

Le système monétaire fut aussi réformé et
mis en harmonie avec le nouveau système de
mesures : on choisit, à cet effet, pour unité de
monnaie, une pièce d'argent allié au dixième,
et du poids de 5 grammes. Cette unité fut
nommée *franc*.

Un même mode de subdivision fut appliqué à ces six unités de mesures, poids et monnaie, et ce mode fut choisi conformément à la base du système de numération adopté chez tous les peuples ; c'est-à-dire que l'on établit des unités de dix en dix fois plus petites, et d'autres de dix en dix fois plus grandes que les unités principales, pour estimer les quantités plus petites ou plus grandes que ces unités.

Toutes les subdivisions et tous les multiples des nouveaux poids et mesures ont reçu des noms uniformes qui, comme nous le verrons bientôt, rappellent toujours l'unité à laquelle ils appartiennent, et leur grandeur par rapport à cette unité.

La confusion et les inconvénients produits par la multiplicité, l'incohérence, l'insignifiante nomenclature et l'irrégularité de subdivision des mesures anciennes, doivent donc disparaître par suite de l'adoption du nouveau système. Les transactions commerciales deviendront beaucoup plus faciles ; l'erreur et la fraude ne pourront que difficilement s'y glisser.

A ces avantages, il faut joindre l'extrême facilité des calculs, due au mode de subdivision adopté. Nous n'aurons plus à effectuer de ces opérations sur les nombres complexes, dont la longueur et les difficultés exposaient à tant de chances d'erreurs et à des pertes considérables de temps. Les calculs à effectuer sur les mesures et la monnaie nouvelles, sont

les mêmes que ceux des nombres en-
tiers, et ne peuvent, *dans aucun cas*, être plus
difficiles.

~~~~~~

SYSTÈME LÉGAL DES POIDS ET MESURES.

PREMIÈRE PARTIE.

Nous n'avons plus, en France, que cinq
espèces de mesures, qui sont :

Le mètre, pour les longueurs ;

L'are, pour les surfaces ;

Le stère, pour les volumes ;

Le litre, pour les capacités ;

Le gramme, pour les poids.

Chacune de ces mesures admet des subdivisions de dix en dix fois plus petites, pour
l'estimation des quantités plus petites que l'u-
nité, et des multiples de dix en dix fois plus
grands, pour les quantités plus grandes.

Ainsi, chaque unité se divise en dix parties
égales ou dixièmes ; chaque dixième en centièmes ; chaque centième en millièmes.

Pour mesurer les quantités plus grandes que
l'unité, on emploie des multiples dix fois,
cent fois, mille ou dix mille fois plus grands
que cette unité.

1**
~~~~~~

Les noms de ces multiples et des ces subdivisions sont formés des noms des unités, que
l'on fait précéder des mots suivants :

Myria, qui signifie dix-mille.
Kilo,   —   —   mille.
Hecto,   —   —   cent.
Déca,   —   —   dix.
Déci,   —   —   dixième.
Centi,   —   —   centième.
Milli,   —   —   millième.

Ces mots, empruntés aux langues grecque
et latine, sont, comme on le voit, des noms
de nombre dont la valeur est invariable ; d'où
il suit que chaque nom formé d'un de ces
mots, joint au nom de l'une des unités, fait
connaître en même temps l'espèce et la grandeur de la mesure qu'il désigne. Ainsi :

Myriamètre   signifie   dix mille mètres.
Kilomètre,   —   mille mètres.
Hectomètre,   —   cent mètres.
Décamètre,   —   dix mètres.

Décimètre,   —   dixième de mètre.
Centimètre,   —   centième de mètre.
Millimètre,   —   millième de mètre.
Myriagramme, —   dix mille grammes.
Kilogramme,   —   mille grammes.
Hectogramme, —   cent grammes.
Décagramme,   —   dix grammes.

Décigramme,   —   dixième de gramme.
Centigramme,   —   centième de gramme.
Milligramme,   —   millième de gramme.

(15)

Décastère,	—	dix stères.
Décistère,	—	dixième de stère.
Centistère,	—	centième de stère.
Millistère,	—	millième de stère.
Hectolitre (*),	—	cent litres.
Décalitre,	—	dix litres.
Décilitre,	—	dixième de litre.
Centilitre,	—	centième de litre.
Hectare, (**),	—	cent ares.
Centiare,	—	centième d'are.

En indiquant la grandeur de chaque multiple et de chaque subdivision, ces noms ont aussi l'avantage de faire connaître, immédiatement, les relations de grandeur que les diverses parties d'une mesure ont entre elles ; par exemple, myria signifie dix mille, donc un myriamètre vaut 10 kilomètres ou 100 hectomètres, ou 1000 décamètres, ou 10000 mètres. Un myriagramme vaut 10000 grammes, ou 1000 décagrammes, ou 100 hectogrammes, ou enfin, 10 kilogrammes. L'hectolitre vaut dix décalitres ou 100 litres, etc.

(*) J'omets à dessein, dans ce tableau, plusieurs multiples et subdivisions du litre et du stère, parce qu'ils ne sont que peu ou point employés. Il est, du reste, très-facile d'établir la nomenclature complète, en prenant pour modèle celle des parties du mètre ou du gramme.

(**) On n'emploie, pour les mesures agraires, qu'un seul multiple et une seule subdivision. L'impossibilité, démontrée par la géométrie, de construire un carré exactement égal à un kilare (kiloare), à un décare, ou à un déciare, a dû faire rejeter ces dénominations. On aurait pu admettre le myriare.

Les noms de multiples dont nous venons de parler n'ont pas été adaptés au système monétaire. C'est peut-être à tort; on ne dit pas, mais on pourrait dire, un décafranc, un hectofranc, un kilofranc, un myriafranc, au lieu de dire 10 francs, 100 francs, 1000 francs, 10000 francs.

Les noms des subdivisions sont formés des racines *déci*, *centi*, *milli*, mais avec la terminaison *me* au lieu du nom de l'unité, ce qui fait *décime*, *centime* et *millime* pour *décifranc*, *centifranc*, *millifranc*, qu'exigerait la régularité de la nomenclature.

Outre les subdivisions décimales des mesures, la loi tolère, pour la facilité du commerce de détail, le double et demi de chaque subdivision de mesures de capacité et de poids. Ainsi nous avons pour peser :

Le double myriagramme,	Le double gramme,
Le myriagramme,	Le gramme,
Le demi-myriagramme,	Le demi-gramme,
Le double kilogramme,	Le double décigr.,
Le kilogramme,	Le décigramme,
Le demi-kilogramme,	Le demi-décigr.,
Le double hectogramme,	Le double centigr.
L'hectogramme,	Le centigramme,
Le demi-hectogramme,	Le demi-centigr.
Le double décagramme,	Le double milligr.
Le décagramme,	et le milligramme.
Le demi-décagramme,	

Les mesures de capacité présentent une série semblable, comprise entre l'hectolitre et le centilitre. Les mesures supérieures à l'hectolitre et inférieures au centilitre, sont les unes trop grandes, les autres trop petites pour pouvoir être employées.

Chaque subdivision de notre monnaie doit avoir aussi son double et sa moitié, de telle sorte que, quand le système monétaire sera complet, nous aurons :

En or

L'hectofranc, ou pièce de 100 fr.
Le demi-hectofr., ou 50 fr.
Le double décafr., ou 20 fr.
Le décafranc, ou 10 fr.

En argent

Le demi-décafranc, ou pièce de 5 fr.
Le double franc, ou 2 fr.
Le franc, ou 1 fr.
Le demi-franc ou pièce de 50 centimes.

En bronze ou en cuivre,

Le double décime, ou pièce de 20 cent.
Le décime, 10
Le demi-décime, 5
Le double centime, 2
Le centime, 1

Nous avons dit, dans l'introduction, que toutes nos nouvelles mesures étaient déduites de l'unité type, qui est le mètre. Nous allons exposer la génération de ces mesures, en traitant de chacune d'elles en particulier ; nous dirons à quel usage est spécialement destiné chacun des multiples et quelle mesure il remplace.

Le *mètre* est, avons-nous dit, la dix-millionième partie de la distance d'un pôle à l'équateur, ou du quart de la circonférence de la terre

Il remplace la toise, le pied et l'aune dans la mesure des longueurs. Il est égal à $\frac{543}{1000}$ de toise, à très-peu près, ou à 3 pieds, 11 lignes, et $\frac{296}{1000}$ de ligne.

Six mètres valent cinq aunes, ou, ce qui revient au même, un mètre vaut $\frac{5}{6}$ d'aune.

Le décamètre est la longueur de la chaîne d'arpenteur. Notre plus grande mesure matérielle est actuellement, pour les longueurs, le double décamètre.

Le décamètre remplace les cordes, perches, verges, etc., employées jadis à la mesure des terres.

L'hectomètre est sans usage.

Le kilomètre est employé dans les travaux de routes et de canaux, pour désigner des distances déjà assez considérables. Il est égal à un quart de lieue de poste, ou à peu près un cinquième de lieue ancienne.

Les routes neuves sont bornées de kilomètre en kilomètre.

Le myriamètre est la mesure géographique qui sert à désigner les distances de ville à ville, de pays à pays. Il est égal à 2 lieues 1|2 de poste, ou à un peu plus de deux lieues anciennes. L'ancienne expression *lieue* est remplacée par le terme myriamètre dans les mesures itinéraires. Le demi-myriamètre équivaut environ à une lieue, c'est à peu près l'espace que peut parcourir en une heure un homme marchant d'un pas modéré.

Le *mètre carré* remplace la toise carrée dans la mesure des surfaces de peu d'étendue.

Les très-grandes surfaces se mesurent au kilomètre ou au myriamètre carré.

L'*are*, employé pour mesurer la surface des champs, est un *décamètre carré*, c'est-à-dire l'équivalent d'un carré ayant dix mètres de long et dix de large.

Dix mètres de long sur dix de large donnent cent mètres carrés; donc, un mètre carré est le centième d'un are, ou un *centiare*.

L'are remplace les trop nombreuses mesures agraires, que l'on désignait, suivant les localités, sous les noms de perche, corde, carreau, journal, etc., etc.

L'hectare, seul multiple de l'are, est un hectomètre carré, ou l'équivalent d'un carré ayant 100 mètres de long et autant de large. Il remplace les arpents de toutes grandeurs.

Le *stère*, unité de volume, est un *mètre cube*, ou l'équivalent d'un solide de la forme d'un dé à jouer, ayant un mètre de long, un mètre de large et un mètre de hauteur.

Le stère remplace la toise cube dans la mesure des pierres et autres matériaux de construction, la corde dans la mesure du bois de chauffage, et la solive dans celle du bois de charpente.

Les multiples du stère sont peu usités.

Le *litre*, destiné à mesurer les liquides et les graines, est un décimètre cube, ou l'équivalent du contenu d'un vase de la forme d'un dé à jouer, ayant à l'intérieur un décimètre de long, un décimètre de large et un décimètre de profondeur.

Le litre remplace toutes les pintes anciennes.

Le décalitre remplace le setier employé, dans quelques localités, pour la mesure des vins.

Le double décalitre remplace le boisseau, dans la vente des graines.

Cinq double-décalitres valent quatre boisseaux.

L'hectolitre est employé dans le commerce en gros des liqueurs et des blés.

Le *gramme*, est le poids d'un centimètre cube d'eau pure (*), c'est-à-dire le poids de l'eau pure que contiendrait un petit vase de forme cubique, ayant à l'intérieur un centimètre sur toutes ses dimensions.

Le gramme et ses multiples remplacent toutes les subdivisions de la livre.

Le gramme est un trop petit poids pour être employé comme unité dans les pesées ordinaires ; aussi ne s'en sert-on, comme unité, qu'en pharmacie et en bijouterie.

Le *kilogramme* est réellement l'unité de poids la plus usuelle : c'est le poids d'un litre d'eau pure. Ce multiple du gramme correspond à 2 livres. La livre est justement remplacée par le poids de 5 hectogrammes ou d'un demi-kilogramme.

Le plus grand poids de la série, celui qui, depuis plusieurs années, déjà, a été substitué

______

(*) Plus rigoureusement, le gramme est le poids d'un centimètre cube d'eau distillée, à son maximum de densité, ou à la température de 4 degrés 1[2 du thermomètre de Réaumur, et sous la pression barométrique de 76 centimètres.

dans les magasins au poids de 50 livres, est le double myriagramme : c'est le poids d'un double décalitre d'eau pure.

Nous avons dit plus haut que le poids du franc d'argent était de 5 grammes ; il s'ensuit qu'une pièce de deux francs pèse un décagramme, que 20 francs d'argent pèsent un hectogramme, que 200 francs pèsent un kilogramme.

Il suffit donc de posséder quelques pièces d'argent pour pouvoir se construire une série de poids, ou du moins, pour acquérir une idée exacte de la grandeur de chacun de nos poids nouveaux. On connaît le gramme, dès qu'on se rappelle qu'il est le cinquième du poids d'un franc, ou la moitié du poids d'un centime, car cette dernière pièce doit peser 2 grammes. On a l'idée du décagramme par le poids d'une pièce de 2 francs, celle de l'hectogramme par le poids de 10 de ces pièces ou celui de 4 pièces de 5 francs, etc.

Le diamètre des pièces de monnaie décimale étant aussi rigoureusement déterminé en millimètres, il est facile, à l'aide de ces pièces, de trouver la longueur du mètre et de ses subdivisions.

Voici quels sont les diamètres de nos pièces d'argent :

Pièce de 5 francs, 37 millimètres.
   de 2 — 27
   de 1 — 23
   de 50 cent., 18

Il suit de là,

1° Que la différence des diamètres des pièces de 5 fr. et de 2 fr. donne dix millimètres ou un centimètre ;

2° Que deux pièces de deux francs et deux d'un franc, étant placées sur une même ligne, occupent une longueur de 100 millimètres ou d'un décimètre ;

3° Que 20 pièces de 2 fr. et 20 d'un franc occupent la longueur d'un mètre, longueur que l'on peut aussi obtenir avec 19 pièces de 5 francs et 11 de 2 francs.

Ayant, par ce moyen, obtenu le décimètre, on peut, avec des planchettes, se construire une petite caisse de forme cubique, ayant à l'intérieur un décimètre sur toutes ses dimensions, ce qui donnera l'idée de la capacité d'un litre.

Ainsi, à l'aide de quatre pièces de monnaie, d'une valeur totale de 6 francs, chacun peut soi-même se construire des poids et des mesures métriques, qui pourraient, il est vrai, n'être pas d'une rigoureuse précision, mais qui suffiraient pour donner une idée assez exacte de la grandeur de ces poids et mesures.

Nous avons parlé de la simplification des calculs, introduite dans les opérations commerciales par l'admission du système métrique décimal. On pourra juger de cette simplification par les exemples qui termineront la seconde partie de cet ouvrage. On en va juger déjà, par quelques exemples qui n'exigent pas la connaissance du calcul des fractions décimales.

Supposons qu'un mètre d'étoffe coûte 12 francs, le décimètre coûtera la dixième partie de 12 fr. Or, comme le dixième d'un franc est un décime, le dixième de 12 fr. est de 12 décimes; donc le décimètre de drap coûtera 12 décimes. Par la même raison, un centimètre coûtera 12 centimes.

Cherchons, maintenant, ce que coûteraient 3 mètres 35 centimètres.

3 mètres coûteront déjà trois fois 12 fr. ou 36 fr.; 35 centimètres font 3 décimètres et 5 centimètres; or, 3 décimètres coûteront 3 fois 12 décimes ou 36 décimes, c'est-à-dire 3 fr. et 6 décimes, ce qui, ajouté à 36 fr., donne 39 francs 6 décimes : cinq centimètres coûteront cinq fois 12 ou 60 centimes, ou enfin 6 décimes; en tout, 39 francs 12 décimes ou 40 francs et 2 décimes.

Si un kilogramme de marchandise coûte 8 francs, un hectogramme coûtera 8 décimes; un décagramme, 8 centimes; un gramme, 8 millièmes ou 8 dixièmes de centimes.

La raison en est simple : les poids étant de dix en dix fois plus petits et les pièces de monnaie ayant des valeurs de dix en dix fois plus petites, si un franc est le prix d'un kilogramme, le prix d'un hectogramme ne peut être qu'un décime et celui du décagramme un centime; le prix du kilogramme étant 8 fois plus grand, le prix de chaque subdivision devient nécessairement aussi 8 fois plus grand.

(24)

Si un litre de liqueur coûte 6 fr., le déci-
litre doit coûter 6 décimes et le centilitre 6
centimes. Il est très-facile, d'après cela, de
trouver le prix d'une portion quelconque du
litre.

Si un hectolitre de vin coûte 85 francs, un
décalitre doit coûter 85 décimes ou 8 francs
5 décimes ; un litre doit coûter 85 centimes.

Ces exemples prouvent déjà que le prix
d'une mesure étant connu, on trouve sans
calcul le prix de toutes les subdivisions de
cette mesure, puisque ce prix est toujours exprimé par le même nombre de pièces de monnaie, mais de pièces d'une valeur de dix en
dix fois moindre.

Que l'on compare déjà ces exemples aux
opérations qu'il fallait faire pour ne trouver
qu'à-peu-près le prix d'une once, d'un gros,
ou d'un grain, connaissant le prix d'une livre,
ou celui d'un pouce, d'une ligne, etc., connaissant le prix d'une toise, et l'on concevra
de combien l'introduction du système métrique, dans les calculs du commerce de détail, surtout, doit diminuer le travail et les
chances d'erreur.

Mais les exemples qui précèdent supposent
que l'on a acquis l'habitude de nommer un
décime décime et non pas deux sous, et malheureusement le mot décime est encore bien
peu usité. Nous devons faire tous nos efforts
pour extirper de notre langue le mot *sou*, qui
ne signifie plus rien. Nous n'avons plus, dans
notre système monétaire, de pièce portant le

nom de sou, nous avons des pièces d'un décime et de cinq centimes ou d'un demi-décime. Ces noms sont gravés sur les pièces, et
il est absurde de nommer les choses autrement que par le nom qu'elles portent.

Cette observation a plus d'importance qu'on
ne le croirait d'abord : l'usage profondément
enraciné du mot sou, sera long-temps encore
une source d'erreurs et d'embarras.

DEUXIÈME PARTIE.

CALCUL DÉCIMAL.

N° 1. Nous employons, pour représenter
les nombres, dix caractères ou chiffres qui,
considérés isolément, ont chacun une valeur
absolue et invariable. Ces chiffres, que tout le
monde connaît, prennent, lorsqu'ils sont grou-
pés, des valeurs relatives, variables, détermi-
nées par le rang qu'ils occupent.

Ainsi, lorsque plusieurs chiffres sont placés
sur une même ligne, celui qui occupe le premier rang vers la gauche représente des unités
simples; le second, des dixaines ; le troisième,
des centaines; le quatrième, des mille, etc.
Par exemple, les quatre chiffres 6735 représentent : le premier, 5 unités; le second, 3
dixaines; le troisième, 7 centaines; le quatrième, 6 mille, et forment un nombre que

nous lisons ainsi : Six mille sept cent trente-cinq, en désignant successivement la valeur absolue de chaque chiffre, et ensuite la valeur relative déterminée par le rang qu'occupe ce chiffre.

2. L'un de ces chiffres, le zéro, n'a jamais aucune valeur, mais il augmente ou diminue la valeur des chiffres qui l'accompagnent, en leur faisant occuper un rang plus ou moins élevé. La véritable fonction du zéro est de faire occuper aux autres chiffres, le rang que chacun d'eux doit occuper, pour représenter une valeur déterminée.

Ainsi, le chiffre 4, seul, représente quatre unités ; le même chiffre, suivi d'un zéro, 40, représente quatre dixaines ou quarante ; suivi de deux o, il vaut quatre centaines, 400 ; suivi de trois o, quatre mille, 4000, etc.

3. Un chiffre prend donc des valeurs de dix en dix fois plus grandes, à mesure que les o placés à sa gauche lui font occuper un rang de plus en plus élevé.

On peut résumer toute la numération, en disant qu'un chiffre, placé à la droite d'un autre, représente des unités dix fois plus petites que celles représentées par l'autre ; que placé à gauche, il représente des unités dix fois plus grandes.

A l'aide de cette convention, conception admirable de l'esprit humain, à cause de son importance et de sa simplicité, nous pouvons, avec dix caractères seulement, représenter tous les nombres imaginables, quelque grands ou quelque petits qu'ils soient.

Admettant, comme nous l'avons annoncé, que le lecteur connaît la numération des nombres entiers, c'est-à-dire, des nombres plus grands que l'unité proprement dite, nous allons nous occuper de la numération des nombres fractionnaires, ou de la manière de représenter, par les chiffres, les quantités plus petites que l'unité.

Quelques exemples suffiront pour faire facilement comprendre cette partie de la numération.

4. Supposons que nous ayons à représenter par des chiffres une longueur de 4 mètres 7 décimètres, ou quatre unités et sept dixièmes d'unités.

Le chiffre 4, seul, représentera d'abord les unités ; si, à droite de ce chiffre, nous placions immédiatement le 7, ce dernier représenterait bien alors des unités dix fois plus petites que les unités représentées par le 4, mais celui-ci, repoussé par là d'un rang vers la droite, représenterait des dixaines, et nous lirions quarante-sept, 47.

Il faut donc qu'à l'aide d'un signe particulier, nous puissions faire connaître que c'est le 4 et non le 7 qui, dans ce nombre, représentent les unités proprement dites, et que le dernier chiffre ne représente que des dixièmes d'unité.

5. Le signe adopté à cet effet est une virgule, que l'on place immédiatement après le chiffre qui doit représenter les unités, entre

ce chiffre et celui qui doit représenter les dixièmes.

Nous écrirons donc ainsi le nombre en question : 4,7.

Alors, il ne peut plus y avoir d'équivoque, plus d'incertitude sur la valeur de ces chiffres; la virgule nous indiquant que le chiffre qui la précède immédiatement représente les unités, le chiffre qui la suit doit représenter des dixièmes.

Soit à représenter le nombre 4 unités et 75 centièmes :

Soixante-quinze centièmes font 7 dixièmes et 5 centièmes. Ecrivons donc tout simplement 4,75 ; car, d'après ce que nous venons de dire, le chiffre qui suit immédiatement la virgule représentant des dixièmes, le 5 qui le suit doit représenter des unités dix fois plus petites, et par conséquent, des centièmes.

Soit encore, le nombre 4 unités, 756 millièmes.

Sept cent cinquante-six millièmes font 7 dixièmes, 5 centièmes et 6 millièmes; or, les millièmes étant dix fois plus petits que des centièmes, le chiffre qui doit les représenter doit suivre celui des centièmes. Nous écrirons donc : 4,756.

6. Enfin, si, à la suite d'une virgule nous plaçons sur une même ligne une série de chiffres, ces chiffres devant avoir des valeurs de dix en dix fois plus petites, à mesure qu'ils s'éloignent vers la droite, il s'ensuit que le

premier, après la virgule, représentant des dixièmes, le second représentera des centièmes, le troisième, des millièmes, le quatrième, des dix-millièmes, le cinquième, des cent-millièmes, le sixième, des millionièmes, et ainsi de suite.

D'après cela, le nombre 4,75683, représente donc : 4 unités, 7 dixièmes, 5 centièmes, 6 millièmes, 8 dix-millièmes et 3 cent-millièmes, que nous lirons, pour abréger : quatre unités, soixante-quinze mille six cent quatre-vingt-trois cent-millièmes. C'est-à-dire que nous lirons la fraction qui suit la virgule, comme nous lirions un nombre entier, en y ajoutant le nom des parties représentées par le dernier chiffre.

Ainsi, nous lirons les nombres suivants : 35,3 ; 9,75 ; 6,425 ; 8,7345 ; trente-cinq unités, trois dixièmes ; neuf unités, soixante-quinze centièmes ; six unités, quatre cent vingt-cinq millièmes ; huit unités, sept mille trois cent quarante-cinq dix-millièmes.

7. Mais nous n'avons encore cité que des fractions jointes à des nombres entiers ; occupons-nous, maintenant, des fractions seules.

Soit à représenter les fractions 7 dixièmes, 35 centièmes, et 248 millièmes.

N'ayant pas d'entiers ou d'unités simples à placer avant la virgule, nous ferons occuper la place des unités par un o, et nous écrirons : 0,7 ; 0,35 ; 0,248.

Soit encore à représenter les fractions 6 centièmes, 25 millièmes et 8 millièmes.

Nous avons dit plus haut qu'un chiffre devait, pour représenter des centièmes, occuper le deuxième rang après la virgule, que pour représenter des millièmes, il devait occuper le troisième rang ; d'après cela, nous n'avons, à l'aide de o, qu'à faire occuper à notre 6 le deuxième rang ; au 5 et au 8, le troisième, et nous aurons : 0,06; 0,025; 0,008.

Ainsi, le nombre 0,7 se lira sept dixièmes ; 0,25, vingt-cinq centièmes ; 0,09, neuf centièmes ; 0,035, trente-cinq millièmes ; 0,007, sept millièmes ; 0,0004, quatre dix-millièmes, etc.

8. Il est facile de voir, par là, que l'on pourra faire représenter à un chiffre des valeurs de dix en dix fois plus petites, en l'éloignant de la virgule, par l'interposition d'un nombre toujours plus grand de zéros.

Le chiffre 7, par exemple, représentera des dixièmes, des centièmes, des millièmes, des dix-millièmes, selon qu'il occupera le 1er, le 2e, le 3e ou le 4e rang après la virgule.

Exemple : 0,7 ; 0,07 ; 0,007 ; 0,0007.

9. Une observation importante à faire, c'est que des o, placés après les chiffres d'une fraction décimale, ne changent pas la valeur de cette fraction.

En effet, 0,7 0,70 et 0,700, représentent la même quantité ; car chaque dixième valant 10 centièmes ou 100 millièmes, sept dixièmes valent 70 centièmes ou 700 millièmes. Si, d'une part le nombre des parties de l'unité est devenu, par l'adjonction des o, dix fois ou cent fois plus grand, d'autre part, ces parties sont devenues dix fois ou cent fois plus petites, ce qui établit la compensation.

Par la même raison, si un chiffre fractionnaire est suivi de o en nombre quelconque, on peut, sans changer la valeur de la fraction, supprimer tous ces o.

Ainsi, le nombre o,800 égale o,8; o,25000 égale o,25 et o,04000 égale o,04.

Appliquant les principes que nous venons d'exposer, à la représentation des mesures métriques, nous représenterons, par exemple, 7 mètres 32 centimètres par *mètres* 7,32; 15 grammes 8 décigrammes par *grammes* 15,8; 25 litres 6 centilitres par *litres* 25,06; 7 fr. 9 centimes par *francs* 7,09, etc.

Les exemples de calcul qui terminent l'ouvrage, familiariseront suffisamment le lecteur avec la numération des fractions décimales.

Voyons maintenant ce que deviendrait un nombre décimal, si l'on changeait la virgule de place, en la transportant vers la droite ou vers la gauche.

Soit donné le nombre 347,685 : si nous avançons la virgule d'un rang vers la droite, il deviendra 3476,85. Il est facile de voir que ce simple déplacement de virgule a rendu le nombre dix fois plus grand, quoique les chiffres n'en soient pas changés; car, le 3, qui, dans le premier cas, représentait des centaines, représente maintenant des mille; le 4 est passé du rang des dixaines au rang des centaines ; le 7, qui représentait des unités, représente maintenant des dixaines, et ainsi des autres. Tous les chiffres ayant été repoussés d'un rang vers la gauche, ont acquis une valeur dix fois plus grande, donc le nombre lui-même est devenu dix fois plus grand.

Le même nombre deviendrait 100 fois plus grand, si nous reculions la virgule de deux rangs, ce qui donnerait 34768,5 ; car alors, tous les chiffres se trouvant repoussés de deux rangs vers la gauche, prendraient une valeur 100 fois plus grande, puisque le chiffre des unités passerait au rang des centaines, celui des centièmes au rang des unités, et ainsi des autres.

10. Puisque, en général, le transport de la virgule vers la droite fait prendre à chaque chiffre un rang toujours de plus en plus élevé, et par conséquent, une valeur de dix en dix fois plus grande, on en peut conclure que, *pour rendre un nombre 10 fois, 100 fois, 1000 fois ou 10000 fois plus grand, il suffit d'avancer la virgule d'un, de deux, de trois ou de quatre rangs vers la droite*, d'autant de rangs enfin, qu'il y a de zéros après le chiffre 1 dans le nombre multiplicateur.

11. Réciproquement, *si l'on veut rendre un nombre 10 fois, 100 fois, 1000 fois ou 10000 fois plus petit, il suffit de repousser la virgule d'un, de deux, de trois ou de quatre rangs vers la gauche.*

En effet, reprenons le nombre précédent :

(33)

347,685. Si nous reculons la virgule d'un rang, nous aurons 34,7685. Le chiffre 7, qui représentait des unités, représente maintenant des dixièmes ; le chiffre 6 des dixièmes est passé au rang des centièmes, etc. Chaque chiffre a pris une valeur dix fois plus petite, donc le nombre est devenu dix fois plus petit.

Ce même nombre serait devenu 100 fois plus petit, si nous eussions reculé la virgule de deux rangs vers la gauche.

Ainsi, les nombres suivants, qui ne diffèrent entre eux que par le rang qu'occupe la virgule, représentent des valeurs de dix en dix fois plus petites :

8745	0,8745
874,5	0,08745
87,45	0,008745
8,745	0,0008745.

12. Remarquons que si nous voulions rendre un nombre entier 10 fois, 100 fois, 1000 fois, etc., plus grand ou plus petit, nous placerions d'abord une virgule après le chiffre des unités, puis nous reporterions vers la droite ou vers la gauche, en ajoutant des o d'un côté ou de l'autre, s'il était nécessaire.

Pour rendre le nombre 28, par exemple, mille fois plus grand, nous écririons d'abord 28, puis ajoutant des o à droite, nous repousserions la virgule de trois rangs vers la droite, ce qui nous donnerait 28000, ; pour rendre le même nombre 1000 fois plus petit,

2*

nous ajouterions des o à la gauche de ce nombre, puis, reculant la virgule de trois rangs, nous obtiendrions 0,028, nombre 1000 fois plus petit que 28.

Si le lecteur nous a bien compris, nous pouvons ensemble, en nous appuyant sur ces préliminaires, exécuter sur les nombres fractionnaires décimaux les diverses opérations de l'arithmétique, avec autant de facilité que nous pourrions le faire sur des nombres entiers.

Commençons par l'addition, opération qui a pour but de réunir plusieurs nombres en un seul :

Soit à additionner les nombres 48,7 ; 385,75 ; 7, 89 ; 94,078 et 0,936.

13. On sait que pour additionner des nombres entiers, on dispose ces nombres en colonnes verticales, de telle sorte que les unités de même espèce se trouvent dans la même colonne : les nombres étant ainsi disposés, on commence par additionner les chiffres de la dernière colonne, et si le total excède dix ou plusieurs fois dix, on écrit l'excédant au-dessous de la colonne additionnée, et l'on reporte à la colonne suivante autant d'unités que l'on a trouvé de fois dix dans celle que l'on vient d'additionner. On répète la même opération sur toutes les colonnes, et le nombre qui résulte de cette opération est la *somme* ou le *total* des nombres additionnés.

Nous n'agirons pas autrement sur les nom-

bres fractionnaires décimaux ; nous les disposerons d'après la méthode ordinaire, ainsi qu'il
suit, savoir : Les plus petites unités ou les
millièmes (qui sont les plus petites unités des
nombres que nous avons choisis pour exemple),
dans la première colonne à droite ; les centièmes dans la seconde colonne ; les dixièmes
dans la suivante et ainsi de suite, puis, commençant par la colonne des millièmes, nous

$$
\begin{array}{r}
48,7 \\
385,75 \\
7,89 \\
94,078 \\
0,936 \\
\hline
537,354
\end{array}
$$

dirons : 8 et 6 font 14 millièmes, valant 1 centième et
4 millièmes ; posons 4 sous
la colonne des millièmes et
reportons un centième à la
colonne suivante.

1 de report et 5 font 6, et 9 15, et 7 22, et 3
25 ; 25 centièmes valant 2 dixièmes et 5 centièmes, posons 5 sous la colonne des centièmes, reportons les 2 dixièmes à la colonne
suivante, et continuons :

2 de report et 7 font 9, et 7 16, et 8 24, et
9 33 ; 33 dixièmes valant 3 unités et 3 dixièmes, posons 3 sous les dixièmes et reportons
3 à la colonne des unités.

3 et 8 11, et 5 16, et 7 23, et 4 27 ; posons
7 sous la colonne des unités et reportons les
2 dixaines à la colonne des dixaines.

2 et 4 6, et 8 14, et 9 23 ; posons 3 et reportons 2.

Enfin, 2 et 3 font 5, à placer sous la colonne
des centaines.

La somme des cinq nombres donnés est donc 537 unités, 354 millièmes.

14. Appliquons maintenant cette règle à des quantités concrètes, c'est-à-dire à des nombres représentant des unités d'une espèce déterminée, à la solution de quelques problêmes usuels.

Problême 1er. Un individu doit à son tailleur 345 fr. 75 c. ; à son chapelier, 78 fr. 40 centimes ; à son bottier 95 fr. 38 c. ; à son boulanger 256 fr. 64 c. ; à son boucher 125 francs 89 c., et à son épicier 64 fr.

Combien doit-il en tout ?

Opération :

Doit au tailleur,   345,75   (*) Réponse :
  au chapelier,   78,40   966 fr. 06 c.
  au bottier,   95,38
  au boulanger, 256,64 On effectuera faci-
  au boucher,   125,89 lement cette opé-
  à l'épicier,   64, »   ration, si l'on a
                      suivi   attentive-
  Total.   .   966,06 ment le raisonnement que nous avons établi pour la précédente.

Problême 2e. Un marchand-colporteur a 4 pièces de drap : la 1re contient 35 mètres 7 décimètres ; la 2e 43 mètres 9 décimètres ; la 3e 19

(*) Nous conseillons à nos lecteurs de s'exercer à la solution de tous les problêmes que nous allons leur présenter, indépendamment d'un plus grand nombre qu'ils pourront se proposer eux-mêmes. Ce n'est qu'en s'exerçant beaucoup que l'on parvient à calculer habilement et avec assurance.

mètres 75 centimètres ; la 4ᵉ 58 mètres 89 centimètres. Combien a-t-il de mètres de drap dans ces quatre pièces ?

Si on se rappelle la valeur des mots déci et centi, et ce que nous avons dit (6) de la numération des fractions décimales, on disposera facilement les nombres ainsi qu'il suit :

Opération :

1ʳᵉ pièce,	35,7	
2ᵉ id.	43,9	Réponse : 158 mètres, 24
3ᵉ id.	19,75	centimètres.
4ᵉ id.	58,89	
Total.	158,24	

Problême 3ᵉ. Mon boulanger m'a fourni, la semaine dernière, savoir :

Lundi, 4 kilogr. 5 hectogr. 3 décagr. de pain.

Mardi, 5 kilogr. 7 hectogr. 5 décagr.

Jeudi, 3 kilogr. 9 hectogr.

Vendredi, 2 kilogr. 7 décagrammes.

Samedi, 6 kilogrammes.

Combien lui dois-je de kilogr. de pain ?

Opération :

Lundi,	4k. 530 gr.	
Mardi,	5, 750	Réponse : 22 kilogrammes
Jeudi,	3, 900	250 gram., ou 22 kilogr.
Vend.,	2, 070	2 hectogr. 5 décagr.
Samed.	6, 000	
Total,	22, 250	

Problême 4ᵉ. On a acheté du bois à cinq reprises différentes, pour construire une mai-

son : on en a acheté, la première fois, 75 stères 34 centistères ; la 2ᵉ, 38 stères 7 décistères ; la 3ᵉ 25 stères 358 millistères ; la 4ᵉ, 18
stères 87 (*) millistères, et la 5ᵉ 9 stères seulement. Combien est-il entré de stères dans la
construction de cette maison ?

Opération :

1ᵉʳ achat, 75,34   Réponse : 166 stères 485
2ᵉ   —   38,7   millistères.
3ᵉ   —   25,358
4ᵉ   —   18,087 (*)
5ᵉ   —   9, »
Total. . 166,485

Problême 5ᵉ. Un orfèvre fond quatre objets
hors de service, en or, pour faire un lingot :
le 1ᵉʳ de ces objets pèse 36 grammes 8 décigrammes ; le second, 5 décagrammes ou 50
grammes ; le 3ᵉ, 6 décagrammes 7 grammes
3 centigrammes, c'est-à-dire 67 grammes 3
centièmes de gramme ; le 4ᵉ pèse 2 hectogrammes 8 décagrammes 375 milligrammes,
ou 280 grammes 375 milligrammes.

Combien doit peser son lingot, abstraction
faite de la perte que pourra lui faire éprouver
la fonte ?

Opération :

Poids du 1ᵉʳ objet, 36,8   Réponse : 434
  — du 2ᵉ   —   50,»   grammes 205 mil-
  — du 3ᵉ   —   67,03   ligr., où 4 hectogr.
  — du 4ᵉ   —   280,375   3 décagr. 4 gram.
   Total. .   . . 434,205   2 décigr. 5 milligr.

____

(*) Qu'on se rappelle bien que les millièmes doivent
occuper le troisième rang après la virgule.

(39)

Problême 6e. Mon épicier m'a fourni une fois 3 myriagrammes de sucre ; une autre fois 2 myriagrammes et 7 kilogr. ; une troisième fois 9 kilogrammes et 6 hectogr., et la dernière ou 4e fois, 7 kilogrammes 225 grammes.

Combien lui dois-je de kilogr. de sucre ?

Le kilogramme étant pris ici pour unité, nous réduirons d'abord tout en kilogrammes. Or, 3 myriagr. valent 30 kilogr. ; 2 myriagr. 7 kilogr. font 27 kilogr. ; 9 kilogr. 6 hectogr. font 9 kilogr. 6 dixièmes de kilogr. ; enfin 7 kilogr. 225 grammes ne sont autre chose que 7 kilog. 225 millièmes de kilogr. Nous aurons donc :

Opération :	Réponse :
1re fourniture, 30, »	73 kilogr. 825 gr., ou
2e — 27, »	7 myriagr. 3 kilogr.,
3e — 9,6»	8 hectogr., 2 décagr.
4e — 7,225	et 5 grammes. (*)
Total. . 73,825	

(*) Il est beaucoup plus court de dire 73 kilogr. 825 gram., que de dire 7 myriagr. 3 kilogr. 8 hectogr. etc. ; aussi doit-on préférer la première expression à la seconde, quoique celle-ci soit plus conforme à la rigoureuse correction du langage métrique. La concision des expressions (pourvu qu'elle n'entraîne pas l'obscurité), doit, ce nous semble, entrer en grande considération dans la nomenclature des nombres.

Si nous exprimons nos résultats par les noms de toutes les parties dont ils se composent, c'est dans le but de familiariser nos lecteurs avec ces noms, et de leur faire bien comprendre, par la comparaison des expressions, le rapport des diverses subdivisions de nos nouvelles mesures.

Problême 7ᵉ. On a tiré, d'une cuve pleine de vin, de quoi emplir trois tonneaux; le premier contenant 5 hectolitres; le 2ᵉ, 3 hectolitr. 7 décalitres 8 litres et le 3ᵉ 220 litres, il reste encore 4 hectolitres 25 litres de vin dans la cuve.

Quelle est la capacité de cette cuve?

Opération : Réponse :

1ᵉʳ tonneau, 5, » 15 hectol. 23 litres, ou 1
2ᵉ ——— 3,78 kilolitre, 5 hectol., 2 dé-
3ᵉ ——— 2,20 calitr. et 3 litres.
Reste 4,25
Total. . 15,23

Problême 8ᵉ. Un riche propriétaire possède 204 hectares de bois; 345 hectares de prés; 649 hectares 38 ares 25 centiares de terres labourables et 28 hectares 4 ares 80 centiares de vignes, à quoi il faut ajouter le terrain occupé par la maison qu'il habite et le jardin qui y est contigu, le tout contenant 238 ares 9 centiares.

Quelle est la surface totale de ses propriétés?

Rappelons-nous qu'un are est un centième d'hectare; un centiare, un centième d'are, et par conséquent, un dix-millième d'hectare, car 100 fois 100 font 10000. D'après cela, posons nos nombres ainsi qu'il suit :

Surface des bois,	204,h. »	Réponse :	
— des prés,	345, 47	1229 hect.,	
— des terres,	649, 38.25	28 ares, 14	
— des vignes,	28, 04.80	centiares.	
Maison et dépend.	2, 38.09		
Total. .	1229, 28.14		

DE LA SOUSTRACTION.

15. La soustraction a pour but de faire connaître la différence de deux nombres, ou l'excès d'un nombre sur un autre. Elle s'effectue sur les nombres fractionnaires décimaux, comme sur les nombres entiers, en plaçant l'un au-dessous de l'autre les deux nombres dont on cherche la différence, et en retranchant successivement, en commençant par la droite, les chiffres du nombre inférieur de ceux qui leur correspondent dans le nombre supérieur.

Soit à soustraire le nombre 375,45 de 898,68.

Ayant placé nos nombres l'un au-dessus de l'autre, de telle sorte que les unités de même ordre se correspondent dans les deux nombres, nous raisonnerons ainsi :

$$898,68$$
$$375,45$$
Reste 523,23

Si nous retranchons 5 centièmes de 8 centièmes, il reste 3 centièmes, que nous plaçons au-dessous des centièmes ; 4 dixièmes retranchés de 6 dixièmes donnent pour reste 2 dixièmes, que nous plaçons sous les dixièmes ; de 8 unités, retranchons 5 unités, il reste 3 unités que nous posons sous les unités, et ainsi de suite, jusqu'à ce que tous les ordres d'unités du nombre inférieur soient retranchés de leurs correspondants dans le nombre supérieur.

Le résultat de l'opération prend le nom de *reste*, d'*excès* ou de *différence*, selon que l'on s'est proposé de trouver ce qui doit rester d'un nombre, après qu'on en aura retranché un autre nombre ; ou de combien un nombre en excède un autre, ou enfin, de combien diffèrent deux nombres donnés.

Soit encore 49,876 à retrancher de 83,59 :

Opération :

$$\begin{array}{r} 83,590 \\ 49,876 \\ \hline 33,714 \end{array}$$

N'ayant pas de millièmes au nombre supérieur, pour en pouvoir retrancher les millièmes du nombre inférieur, nous convertissons la fraction 59 centièmes en 590 millièmes, en ajoutant un o à la suite du 9, ce qui, d'après ce que nous avons dit (9), ne change pas la valeur de la fraction, et nous ramène au cas précédent, en égalisant les nombres de chiffres fractionnaires des deux termes de l'opération, puis nous disons :

De o il est impossible d'ôter 6 ; empruntons 1 centième au chiffre suivant, ce qui nous donnera 10 millièmes, dont 6 étant retranché, reste 4, que nous écrivons au-dessous. Le 9 duquel nous avons emprunté 1, ne vaut plus que 8, dont 7 étant retranché, donne pour reste 1 : de 5 dixièmes il est impossible de retrancher 8 dixièmes ; empruntons une unité au chiffre suivant, et cette unité étant ajoutée à 5 dixièmes nous donne 15 dixièmes, d'où retranchant 8 il reste 7 dixièmes. De 2 unités (nous avons emprunté 1 au chiffre 3) ; ne pouvant en retrancher 9, empruntons une dizaine au chiffre suivant, ce qui, joint à 2, nous donne 12, d'où retranchant 9, il reste 3. Enfin, de 7 dizaines, (même remarque), ôtons un 4, il en reste 3. Donc le reste total est de 33 unités 714 millièmes.

Résolvons maintenant quelques problêmes.

Problême 9ᵉ. Un fermier devait à son propriétaire 825 francs 35 centimes : il lui a déjà donné 483 fr. 75 c. Combien lui doit-il encore ?

Opération :

Dette,   825,35   Réponse : 341 fr. 60 c.
Acquit, 483,75
————————————
Différ. 341,60

Problême 10ᵉ. D'une pièce de coutil contenant 47 mètres 8 décimètres, on a vendu 29 mètres 64 centimètres ; combien en reste-t-il ?

Opération :

Long. de la pièce,   47,80   Réponse :
Long. vendue,   29,64   18 mètres, 16
—————————————
    Reste   18,16   centimètres.

Problême 11ᵉ. Une pièce de vin contenait 2 hectolitres 23 litres ; on en a tiré à trois reprises différentes, savoir : la première fois, 4 décalitres, 7 litres ; la seconde fois, 9 décalitres, et la troisième fois 45 litres. Combien reste-t-il de vin dans la pièce?

Prenant l'hectolitre pour unité, nous disposerons l'opération ainsi :

1er extrait, 0,47 Contenu de la pièce, 2,25 l.
2e   —   0,9   Extrait,   1,72
3e   —   0,45 Reste,   0,53

Total. . 1,72

Réponse : 53 litres, ou 5 décalitres 3 litres.

Problême 12e. Une barrique d'eau-de-vie contenait 3 décalitres 7 litres 5 décilitres ; le propriétaire en a vendu 17 litres 3 décilitres et en a fait boire à des amis 9 litres 65 centilitres ; combien lui en reste-t-il ?

Quantité vendue, 17,3 Cont. de la b. 37,50
   —   bue,   9,65 Extrait,   26,95
Total. . .   26,95 Reste,   10,55

Réponse : 10 litres 55 centilitres, ou 1 décalitre 5 décilitres et 5 centilitres.

Problême 13e. D'un pain de sucre pesant 7 kilogrammes, il ne reste plus que 2 kilogram. 3 hectogrammes et 7 décagrammes ; combien en a-t-on usé ?

Poids du pain, 7,00 Réponse : 4 kilogr. 6
  — du reste,   2,37   hectogr. 3 décagr.
Différence,   4,63

Problême 14e. Une pile de bois de chauffage contenait 128 stères : on en a vendu 75 stères 35 centistères ; combien en reste-t-il ?

Volume de la pile, 128,00
Vendu,   75,35
Reste,   52,65

Réponse : 52 stè-
res 65 centistères
ou 5 décastères.

stères 6 décistères et 5 centistères.

MULTIPLICATION.

16. La multiplication est une opération par laquelle deux nombres étant connus, on en trouve un troisième contenant le premier autant de fois que le second contient l'unité.

Cette opération est d'un usage continuel dans le commerce et l'industrie : c'est par son moyen que l'on peut calculer le prix d'une quantité quelconque de marchandise, connaissant le prix de l'unité, que l'on calcule la surface ou le volume d'un objet dont on connaît les dimensions.

Nous donnerons donc à cet article toute l'extension qu'exige l'importance de son sujet.

C'est ici surtout que devient frappante la simplification introduite dans le calcul, par l'admission du système décimal.

Pour multiplier un nombre par un autre, on place ordinairement le second sous le premier; on répète successsivement, à partir de la droite, tous les chiffres du nombre à multiplier, autant de fois qu'il y a d'unités dans le premier chiffre du nombre multiplicateur; puis autant de fois qu'il y a d'unités dans le second; puis dans le troisième, etc., et l'on additionne les divers nombres qui en résultent.

On donne le nom de *multiplicande* au nombre à multiplier, et de *multiplicateur* à celui par lequel on multiplie. Ces deux nombres prennent aussi le nom collectif de *facteurs*.

Le résultat d'une multiplication se nomme *produit*.

Soit à multiplier le nombre 7,38 par 376 :

Multiplicande,   7,38   Sans faire d'abord
Multiplicateur, 376.   attention à la vir-

$$\begin{array}{r} 4428 \\ 5166. \\ 2214.. \\ \hline \end{array}$$

Produit : 2774,88

gule du multipli-cande, écrivons, au dessous de ce nombre, le nombre multiplicateur, et opérant comme nous le ferions si les nombres étaient entiers, disons : Six fois huit font 48 unités, ou 4 dizaines et 8 unités; posons 8 à la colonne des unités et retenons les quatre dizaines pour les ajouter au produit suivant. Six fois trois dizaines font 18 dizaines qui, ajoutées au 4 dizaines retenues, font 22 ; posons 2 à la colonne des dizaines, et retenons 2 centaines. Six fois sept font 42, et 2 de retenue 44 centaines, que nous écrivons sans plus rien retenir, puisque nous n'avons plus de chiffres à multiplier par 6.

Passant au second chiffre du multiplicateur, répétons la même opération, en disant : Sept fois huit font 56, ces 56 sont des dizaines, car le chiffre par lequel nous avons multiplié représentant des dizaines, doit donner un produit dix fois plus grand que celui qu'il fournirait s'il représentait des unités; posons donc 6 au rang des dizaines, et retenons les 5 centaines pour les ajouter au produit suivant. Sept fois trois font 21 et 5 de retenue 26; posons 6 et retenons 2, etc.

La multiplication par le second chiffre étant achevée, passons au troisième, et, faisant la même observation que nous avons faite relativement au deuxième, disons : Trois fois huit font 24 centaines; posons 4 au rang des centaines et retenons 2 mille pour les ajouter aux mille du produit suivant. Trois fois trois font 9, etc.

Ayant ainsi obtenu autant de produits partiels que nous avons de chiffres au multiplicateur, additionnons ces produits et nous trouverons, pour produit total : 277488.

Mais observons, maintenant, que n'ayant pas tenu compte de la virgule du multiplicande, nous avons opéré comme si ce nombre représentaît 738 unités, tandis qu'il ne représente réellement que 738 centièmes; que, par conséquent, le produit ne doit pas représenter 277488 unités, mais bien 277488 centièmes, ou 2774 unités 88 centièmes; ce qui nous conduit à placer une virgule après le 4, pour faire arriver le dernier chiffre au rang des centièmes. (8)

En d'autres termes, nous avons considéré le multiplicande comme ayant une valeur cent fois plus grande que sa valeur réelle, ce qui nous a fourni un produit cent fois cent fois trop grand, produit que nous ramenons à sa juste valeur, en séparant à sa droite deux chiffres fractionnaires, ce qui revient, comme nous l'avons dit plus haut, à faire arriver son dernier chiffre au rang des centièmes.

Encore un exemple, avant de formuler la règle qui nous dirigera dorénavant dans le placement de la virgule.

Soit $7,25$ à multip. par $9,7$

$$507\ 5$$
$$6525$$

Produit. $70,325$

Opérant sur ces deux nombres comme s'ils étaient entiers, c'est-à-dire comme s'ils représentaient l'un 725 unités et l'autre 97 ; et suivant la règle ordinaire de la multiplication, comme nous l'avons fait dans l'exemple précédent, nous trouvons pour produit 70325.

Nous avons multiplié 725 unités par 97, et nous ne devions multiplier que 7,25 ou 725 millièmes ; nous avons donc un produit cent fois trop grand : rendons-le cent fois plus petit en séparant, à droite, deux chiffres fractionnaires, ce qui nous donnera 703, 25.

Mais ce dernier est encore dix fois trop grand, car ce n'était pas par 97 unités que nous devions multiplier 7,25 ; c'était par 9,7, c'est-à-dire par un nombre dix fois plus petit que celui par lequel nous avons multiplié ; rendons-le donc dix fois plus petit, en repoussant sa virgule d'un rang vers la gauche, ce qui nous donnera définitivement 70,325.

Nous avons donc été conduits, par le raisonnement, à séparer, à gauche de notre produit, trois chiffres fractionnaires, savoir : deux

à cause des deux qui se trouvent au multiplicande, et un pour celui du multiplicateur.

Dans le premier exemple, nous n'avions
que deux chiffres fractionnaires aux facteurs,
nous en avons séparé deux au produit.

De ces deux exemples, nous pouvons déduire cette règle générale :

17. Pour multiplier l'un par l'autre deux
nombres fractionnaires décimaux, *il faut opérer
comme si les nombres étaient entiers, puis séparer, à droite du produit, autant de chiffres fractionnaires qu'il y en a dans les deux facteurs ensemble.*

Appliquons cette règle à un nouvel exemple :
Soit à multiplier 8,375

par   7,35   Ayant multiplié ces
—————   deux nombres com-
41875   me s'ils représen-
25125 .   taient l'un 8375 uni-
58625 . . tés et l'autre 735,
—————
Produit.   61,55625   nous séparons cinq

chiffres fractionnaires, parce que nous en
avons cinq, tant au multiplicande qu'au multiplicateur.

18. Le cas le plus embarrassant que puisse
présenter la multiplication des nombres décimaux, est celui où l'on a deux petites fractions
à multiplier l'une par l'autre, ce qui, du reste,
se présente rarement dans les usages ordinaires de l'arithmétique.

Nous en donnerons un exemple, afin de ne
laisser aucune difficulté irrésolue :

Soit à multiplier   0,075
Par   0,09
Produit. .   .   . 0,00675

Ayant effectué la multiplication de 75 par 9, nous n'avons que trois chiffres au produit, et, d'après la règle formulée plus haut, nous devons séparer cinq chiffres fractionnaires.

En y réfléchissant un peu, nous verrons qu'il est facile de suppléer au défaut de chiffres par des o placés à gauche du produit, en nombre suffisant pour faire occuper au dernier chiffre le cinquième rang après la virgule.

Une série de problêmes, représentant les opérations les plus usuelles du commerce et de l'industrie, va présenter au lecteur tous les cas particuliers que peut offrir la multiplication des nombres décimaux, lui en faire connaître les principaux usages et le mettre à même de juger de la différence du calcul décimal et du calcul des quantités complexes, sous le rapport de la facilité d'exécution et de l'économie de temps.

Problême 15ᵉ. Si un mètre d'étoffe se vend 3 fr. 25 c., combien coûteront 35 mètres?

Il est évident que 35 mètres coûteront 35 fois 3 fr. 25 c., donc, pour trouver le prix demandé, il faut multiplier le prix d'un mètre par le nombre de mètres, par 35.

Opération :

Prix d'un mètre, 3,25
Nombre de mètres, 35,   Réponse :
          1625   113 fr. 75 c.
          975 .

Produit. . 113,75

Problême 16°. Un ouvrier gagne 2 fr. 75 c. par jour ; combien lui doit-on pour 27 jours de travail ?

On lui doit certainement 27 fois 2 fr. 75 c. ; multiplions donc le prix d'une journée par le nombre de jours.

Opération :

Prix d'une journée, 2,75
Nombre de jours, 27   Réponse :
          1925   79 fr. 25 c.
          550

Produit. . 74,25

Problême 17°. Le prix d'un kilogramme de poudre à tirer étant de 7 fr., combien coûteront 3 kilogrammes 725 grammes ?

Nous trouverons les réponses à toutes les questions de ce genre, en multipliant toujours le prix de l'unité par la quantité donnée.

Opération :

Prix du kilogr. 7
Quantité,   3,725   Réponse : 26 fr. 075
               35   millimes, ou 26 fr. 7
           14 .   centimes et 5 millimes.
          49 ..
        21 ...

Produit.   .   26,075

19. Mais nous aurions pu abréger cette opération en prenant le nombre 7 pour multiplicateur, ce qui n'aurait pas altéré le résultat ; car on prouve en arithmétique, qu'un produit ne change pas, lorsqu'on intervertit l'ordre des facteurs.

Voici l'opération effectuée d'après cette règle :

Quantité,   3,725
Prix de l'unité,   7
Produit,   26,075

Suivant dorénavant cette règle, nous prendrons toujours, pour multiplicateur, celui des deux facteurs qui contiendra le moins de chiffres.

Problême 18°. Combien coûteront 7 mètres 3 décimètres de drap, si le prix du mètre est 14 fr. 25 c.

Prix du mètre,   14,25   Réponse : 104 fr.
quantité,   7,3   025 millimes ou
                  4275   104 fr. 2. c. et de-
                9975 . mi.

Produit,   104,025

Problême 19ᵉ. Combien coûtera une pièce de vin, contenant 25 décalitres 3 litres, le prix du décalitre étant de 4 fr. 60 c. ?

Prix du décal.   4,60
Quantité,   25,3
              1380   Réponse : 116 fr.
         2300 .   38 c.
          920 . .

Produit,   116,380

Problême 20ᵉ. Mon boulanger m'a fourni, dans le courant du mois dernier, 76 kilogrammes 45 décagrammes de pain, à 35 c. le kilogramme ; combien lui dois-je pour cette fourniture ?

Quantité,   76,45
Prix du kil.   0,35   Réponse :
        38225   26 fr. 76 c.
      22935 .

Produit,   26,7575

20. Nous avons ici une observation à faire, relativement aux deux derniers chiffres décimaux du produit.

Ces chiffres représentent, le premier, des

millièmes de franc, et le second des dix-millièmes ; or, comme nous n'avons pas de monnaie plus petite que le centime ou centième
de franc, nous sommes forcés de négliger,
dans le compte, la petite quantité représentée
par ces chiffres. Mais en les négligeant, nous
commettons une erreur de 75 dix-millièmes
de franc, ou trois quarts de centime. Nous di-
minuerons cette erreur, en comptant 76 centimes au lieu de 75, puisqu'alors nous ne ferons qu'ajouter un quart de centime aux trois
quarts que nous avons déjà. L'erreur sera en
plus au lieu d'être en moins, mais elle ne sera
que de 25 dix-millièmes au lieu d'être de 75.

D'après cette observation, toutes les fois
que nous aurons occasion de négliger des
chiffres décimaux dans un nombre, si le premier des chiffres négligés excède 5, nous aug-
menterons d'une unité le dernier des chiffres
conservés.

Nous aurons souvent occasion d'appliquer
cette règle dans les exemples qui vont suivre.

Problême 21ᵉ. Un ouvrier demande 3 fr.
25 c. pour poser un mètre courant de menui-
serie, combien lui donnera-t-on pour en poser
8 mètres 485 millimètres ?

Quantité,   8,485
Prix d'un mèt.   3,25   Réponse : 27 fr. 58 c.
            ————   d'après l'observation
          42425   précédente.
         16970.
       25455..
       ————
Produit,   27,57625

(55)

Problême 22ᵉ. En vendant de l'huile o fr.
85 c. le litre, combien retirera-t-on d'une
pièce contenant 3 hectolitres 7 décalitres 8
litres ?

Contenu de la pièce,   378
Prix d'un litre,   0,85   Réponse : 321
                          ————   fr. 3o c.
                          1890
                          3024 .
        Produit,   321,30

On aurait pu encore résoudre le problême
en raisonnant ainsi : le litre coûtant o, 85 c.,
l'hectolitre doit coûter 85 fr.,

d'où   3,78
à multiplier par   85
                  ————
                   1890
                   3024 .
                  ————
                   321,30   Même résultat.

Problême 23ᵉ. On paie 1 fr. 85 c. pour le
transport de 100 kilogrammes de marchandise, de Paris à Troyes ; combien doit-on
payer pour un ballot pesant 17 myriagrammes
8 kilogrammes 5 hectogrammes ?
  100 kilogrammes valent 10 myriagrammes,
donc on doit payer, pour le transport d'un
myriagramme, le dixième de 1 fr. 85 c., ou
o fr. 185 millièmes (10) ; multiplions donc
cette somme par le nombre de myriagrammes
que pèse le ballot.

Poids du ballot, 17,85
Port d'un myriagr. 0,185 Réponse : 3
       8925 fr.30 c.
      14280.
       1785..
Produit,   3,30225

Problême 24°. En supposant que de l'or fa-çonné se vende 325 fr. l'hectogramme, com-bien l'orfèvre doit-il vendre un objet pesant 56 grammes 358 milligrammes?

Le prix de l'hectogramme étant 325 fr., le gramme doit se vendre 100 fois moins, ou 3 fr. 25 c. ; multiplions donc ce prix par le nombre de grammes qui exprime le poids de l'objet.

Poids de l'objet, 56,358
Prix d'un gramme, 3,25 Réponse : 183
      281790 fr. 16 c.
      112716.
      169074..
Produit,   183,16350

Problême 25°. En payant du vin 63 fr. 25 c. l'hectolitre (frais compris), et le revendant 0 fr. 75 c. le litre, combien gagnera-t-on sur une pipe contenant 9 hectolitres 7 décalitres 6 litres ?

A 0, 75 c. le litre, l'hectolitre vaut 75 fr. ; on gagnera par hectolitre la différence de 75 fr. à 63,25 ou fr. 11,75 c., nous n'avons donc plus qu'à multiplier ce bénéfice par le contenu de la pièce.

Gain sur 1 hect.	11,75	
Contenu de la p.	9,76	Réponse : 114
	7050	fr. 68 c.
	8225.	
	10575..	
Produit,	**114,6800**	

Problême 26ᵉ. Un boulanger tire 83 kilogrammes de pain, d'un hectolitre de blé qui lui coûte 4 fr. 85 c. le double décalitre; s'il vend son pain, 0,35 c. le kilogramme, combien gagnera-il sur les 175 hectolitres de blé, qu'il a achetés au dernier marché?

Cherchons d'abord combien lui a coûté cette quantité de blé : puisque le double décalitre se vend 4 fr. 85 c., l'hectolitre, qui est 5 fois aussi grand, doit lui coûter 5 fois 4 fr. 25 c. ou fr. 21,25; les 175 hectolitres lui coûteront donc 175 fois cette somme.

Prix de l'hectol.	21,25	
Multiplié par	1,75	ou 3718 fr. 75 c.
	10625	
	14875.	
	2125..	
Produit,	**3718,75**	

Il retire de chaque hectolitre 83 kilogrammes à 0,35 c. l'un, ce qui lui donne 29 fr. 05 c.,

somme qui, multipltipliée par
le nombre d'hectolitres
donne

Mult. par	0,35		29,05
	83	mult. par	175
	105		14525
	280		20335.
Produit,	29,05		2905..
		Produit,	5083,75

Il retirera donc de son blé 5083,75
Ce blé lui coûte   fr. 3718,75

Il gagnera la différence de 1365,00
ces deux nombres, ou 1365 fr.

Nous serions encore arrivés au même résultat, en multipliant par 175, le bénéfice obtenu sur un hectolitre.

Exemple :

Produit d'un hectolitre de blé,   29,05
Prix d'achat *id.*   21,25

Bénéfice sur un hectolitre,   780
                 Multiplié par   175

                                          3900
                                          5460.
                                          780..

Bénéfice sur 175 hectolitres,   1365,00

Problême 27ᵉ. Une pièce de terre contenant 3 hectares 85 ares 9 centiares, a été adjugée à raison de 28 fr. 75 c. l'are ; combien coûte-t-elle à l'acquéreur ?

(59)

| Contenance, | 385,09 | |
| Prix d'un are, | 28,75 | |

$$\begin{array}{r} 192545 \\ 269563 \\ 308072 \\ 77018 \end{array}$$

Rép. 11071 fr. 34 c.

Produit,   11071,3375

PROBLÊMES

SUR LE MESURAGE OU MÉTRAGE DES SURFACES ET DES SOLIDES.

Pour mesurer une surface ou le volume d'un corps, il faut d'abord mesurer la longueur de chacune des dimensions de ce corps ou de cette surface, puis multiplier ces dimensions l'une par l'autre.

La figure du corps ou de la surface à mesurer peut présenter plus ou moins de côtés, plus ou moins de faces, être régulière ou irrégulière, simple ou complexe.

Il faut nécessairement posséder quelques notions de géométrie, pour savoir quelles sont les dimensions à mesurer, de quelle manière on peut décomposer une figure complexe en figures simples, etc.

Nous ne saurions, sans nous écarter de notre sujet, traiter de cette première partie du mesurage.

Nous n'opèrerons que sur des figures simples et dont nous supposerons toujours les dimensions mesurées ; nous ne traiterons, enfin, et nous ne pouvons traiter que de la partie du mesurage, qui appartient au domaine de l'arithmétique.

Cependant, pour donner à ce petit ouvrage le plus grand degré d'utilité possible, dans les limites qui nous sont prescrites, nous rappellerons au lecteur le moyen de mesurer les figures simples, telles que le triangle, le rectangle, le parallélogramme, le trapèze et le cercle, parmi les surfaces ; et parmi les solides, le parallélipipède, le prisme, la pyramide et la sphère.

Problême 28ᵉ. Combien a de mètres carrés le plancher d'un salon rectangulaire, ayant 13 mètres 7 décimètres de long, sur 5 mètres 8 décimètres de large ?

On obtient la surface d'un rectangle en multipliant la longueur par la largeur.

Longueur, 13,7 Réponse : 79 mètres
Largeur, 5,8 46 centièmes de mètre
_________ carré.
1096
685
____
Produit, 79,46

Observation. Nous disons 46 centièmes de mètre carré et non pas 46 centimètres carrés, parce qu'en effet ces deux expressions ont des significations bien différentes, et qu'il importe de ne pas confondre. Un mètre carré est une surface de 100 centimètres de long sur 100 de large, ce qui fait réellement 100 fois 100 ou 10000 centimètres carrés.

Un centimètre carré n'est donc pas un centième, mais un dix-millième de mètre carré. Le centième de mètre carré est l'équivalent d'un décimètre carré. Nous aurions donc pu lire ainsi le résultat de notre dernière opération : 79 mètres et 46 décimètres carrés. Mais pour éviter toute équivoque, il faut, lorsqu'on veut exprimer une fraction de mesure de surface ou de solidité, l'exprimer en dixièmes, centièmes, millièmes, etc., et non en décimètres, centimètres ou millimètres.

Problême 29ᵉ. Quelle est la surface d'un plafond dont la longueur est de 5 mètres 87 centimètres, et la largeur de 3 mètres 75 centimèt.?

```
Longueur,        5,87
Largeur,         3,75   Réponse : 22 mètres
                 2935   carrés, 125 dix-mil-
              4 109 .   lièmes.
              17 61 . .
              __________
Produit,       22,0125
```

Problême 30ᵉ. Un jardin de figure parallélogramme a 8 décamètres 7 mètres 36 centimètres de long, sur 5 décamètres 3 mètres 47 centimètres de large, combien contient-il d'ares?

Deux moyens se présentent pour résoudre ce problême : le premier consiste à chercher directement une expression de la surface en ares, en prenant le décamètre pour unité, car on doit se rappeler que l'are est un décamètre carré.

La longueur est alors
représentée par   8,736
La largeur par   5,347

$$\begin{array}{r} 61152 \\ 34944. \\ 26208.. \\ 43680... \\ \hline 46,711392 \end{array}$$

Dimensions qui, multipliées l'une par l'autre, donnent

ou 46 ares 71 centiares. Le reste de la fraction se néglige.

Le second moyen, plus souvent employé, et celui que nous préférons, consiste à exprimer les dimensions en unités naturelles, c'est-à-dire en mètres, au lieu de les exprimer en décamètres; le produit de ces dimensions exprime des mètres carrés ou centiares, puisqu'un centiare est un mètre carré. Mais alors il suffit de reculer la virgule de ce produit de deux rangs vers la gauche, pour lui faire exprimer des ares.

Ainsi, la long. exprimée en mèt. étant 87,36
et la largeur   53,47
il est évident que le produit sera le même que précédemment, mais la virgule se placera après le quatrième chiffre, ainsi : 4671,1392; ce qui exprimera 4671 centiares et une fraction. Reculant, dans ce dernier nombre, la virgule de deux rangs, nous aurons comme précédemment, ares 46,71.

Problême 31ᵉ. Quelle est la surface d'un champ dont la figure est un rectangle ayant 6 décamètres 5 mètres 49 centimètres de base, sur 4 décamètres 7 mètres 3 décimètres de hauteur ?

Long. de la base, 65,49
   Hauteur, 47,3

     19647
     45843.
     26196..

Produit, 3097,677

R. 3097 ou, plus exactement : 3098 centiares. En ares : 30,98.

Problême 32ᵉ. Un menuisier a fait, à raison de 12 fr. 50 c. le mètre carré, le parquet d'une salle ayant, à l'entrée, 6 mètres 35 centimètres, et au fond 5 mètres 60 centimètres : la profondeur de la salle est partout de 9 mètres 3 décimètres ; combien lui est-il dû ?

D'après les dimensions indiquées, on voit que ce parquet présente la figure d'un trapèze, c'est-à-dire, une figure à quatre côtés, dont deux sont parallèles et inégaux.

Or, la géométrie nous apprend que la surface d'un trapèze s'obtient en multipliant la demi-somme des côtés parallèles par la hauteur du trapèze ou la distance comprise entre ces côtés.

Opérons donc ainsi qu'il suit :

Largeur à l'entrée,   6,35
Au fond,   5,6o

Somme,   11,95

Demi-somme,   5,975

à multiplier par la profondeur de la salle ou la hauteur du trapèze :

Profondeur, $\quad \begin{array}{r} 5,975 \\ 9,3 \\ \hline 17925 \\ 53775 \\ \hline \end{array}$ Ce qui donne, pour la surface du parquet, 55 mètres carrés 5675 dix-millièmes.

Produit,   55,5675

Il nous reste, pour trouver ce qui est dû au menuisier, à multiplier le prix d'un mètre par ce nombre :

Surface,   55,5675
Prix d'un mètre,   12,5o

$\begin{array}{r} 27783750 \\ 1111350.. \\ 555675... \\ \hline \end{array}$ Réponse : 694 fr. 59 c.

Produit.   694,593750

Problême 33ᵉ. Quelle est la surface d'un champ présentant la figure d'un triangle, ayant 236 mètres 75 centimètres de base, sur 92 mètres 5 décimètres de hauteur ?

La surface d'un triangle s'obtient en multipliant la base par la moitié de la hauteur, ou la hauteur par la moitié de la base, ou

enfin, en multipliant les deux dimensions en-
tières et prenant la moitié du produit.

Ce dernier moyen, le plus usité, est celui
que nous emploierons.

Base,	236,75	
Hauteur,	92,5	Réponse :
	1183;5	10950 centiares
	47350 .	(29), ou 1 hect.
	213075 . .	9 ares 50 cen-
Produit,	21899,375	tiares.
Moitié,	10949,6875	

Problême 34ᵉ. Un peintre a décoré le plafond
d'un salon circulaire, à raison de 25 fr. le mètre
carré ; le diamètre du salon étant de 18 mètres,
on demande : 1° quelle est la surface du plafond ; 2° combien il est dû au décorateur ?

La surface d'un cercle s'obtient en multipliant la circonférence par le quart du diamètre. Pour obtenir la circonférence avec une
exactitude satisfaisante, on multiplie le diamètre, quel qu'il soit, par le nombre 3,1416. (*)

(*) Dans la mesure des travaux de peu d'importance,
le nombre 3,14 donne un degré suffisant d'exactitude.

4

Soit donc : 3,1416   Circonfér.   56,5488
Diamètre,   18   Quart du diam.   4,5

$$
\begin{array}{r}
25\ 1328 \\
31\ 416 \\
\hline
\end{array}
\qquad
\begin{array}{r}
2827440 \\
2261952 \\
\hline
254,46960
\end{array}
$$

Circonfér., 56,5488

Surface du plafond : 254,4696
Prix d'un mètre,   25

$$
\begin{array}{r}
12723480 \\
5089392. \\
\hline
6361,7400
\end{array}
$$

Il est donc dû au peintre : 6361 fr. 74 cent.

On aurait pu, pour abréger l'opération, négliger quelques chiffres décimaux aux divers facteurs, ce qui n'aurait donné que quelques centimes de différence au produit; mais le mieux est toujours de calculer exactement. La précision ne doit être sacrifiée à l'économie de temps que dans les affaires de très-peu d'importance.

Problême 35e. S'il faut 6 hectogrammes de bitume pour enduire une surface d'un mètre carré, combien de kilogrammes faudra-t-il pour enduire la surface extérieure d'un tuyau de conduite, de forme cylindrique, ayant 25 mètres de long sur 3 décimètres de diamètre, de dehors en dehors?

Cherchons d'abord la surface du cylindre; nous l'obtiendrons en multipliant sa circonférence par sa longueur,

(67)

Multiplions   3,14 (V. le probl. précéd.)
Par le diamètre   0,3

Ce qui donne :   0,942 pour la circonférence.

Multiplions   0,942
par la longueur 25   Nous trouvons, pour
             4710   la surface extérieure
             1884 . du cylindre : 23 mèt.
                   carrés, 55 centièmes.
Produit. . . 23,550

Il nous reste à multiplier, par ce nombre,
le poids du bitume employé pour l'enduit d'un
mètre carré :

Surface,   23,55
Poids du bit.,   0,6 (*) Réponse : 14 ki-
                        logr., 130 gramm.
       14,130

Problême 36e. On veut faire dorer une
boule de cuivre parfaitement sphérique, dont
le diamètre est de 35 centimètres; la dorure
doit coûter 2 fr. 25 cent. le décimètre carré,
combien coûtera la dorure de toute la surface
de cette boule ?

La surface d'une sphère est justement égale
à 4 fois celle d'un cercle de même diamètre et
se trouve en multipliant le diamètre par la
circonférence : cherchons d'abord cette dernière, en multipliant, comme précédemment,
le diamètre par le nombre constant 3,1416 :

(*) N'oublions pas que 6 hectogrammes sont 6 dixièmes
de kilogr.

Rapport de la circonf. au diam. 3,1416
     Diamètre,   3.5 (*)
                            15708 0
                            94248 .
Circonférence,   10,99560

Multiplions ce nombre   10,9956
   par le diamètre   3,5
                   549780
                   329868 .
                  38,48460

La surface de la sphère est donc de 38 décimètres carrés 4846 dix-millièmes.

Reste, pour trouver le prix à multiplier par ce nombre, le prix d'un décimètre carré :

Surface,   38,4846
Prix d'un décim.,   2,25   Rép. : 86 fr. 59
                          cent.
       19242 30
       76969 2 .
       76969 2 . .
       86,590350

Problême 37e. Quel est le volume d'une pierre de taille (parallélipipède), ayant 2 mètres 35 centimèt. de long, sur 83 centimèt. de large et 1 mèt. 7 décimèt. de haut?

On sait que la valeur d'un parallélipipède s'obtient en multipliant l'une par l'autre les

---

(*) Nous prenons le décimètre pour unité.

trois dimensions, ou la surface de la base par la hauteur.

Longueur,	2,35
Largeur,	0,83
	705
	1880
Surface de la base,	1,9505
Hauteur,	1,7
	136535
	19505
Volume,	3,31585

Rép. : 3 mètres cubes 316 millièmes, à très-peu près, ou 3 stères 316 millistères.

Problême 38ᵉ. Sachant que la pesanteur spécifique de la pierre calcaire est de 2,87, c'est-à-dire, qu'à volume égal, le poids de cette pierre est à celui de l'eau pure, ce que 2,87 est à 1, on demande ce que pèse le bloc mesuré dans le problème précédent.

Un litre ou un décimètre cube d'eau pure pèse 1 kilogramme ; un mètre cube valant 1000 décimètres cubes, si nous multiplions le volume trouvé précédemment par 1000, en reculant la virgule de trois rangs vers la droite, nous trouverons dans le bloc en question un nombre de décimètres cubes égal à 3315,85 ; d'après la pesanteur spécifique donnée, un décimètre cube pèse kilogr. 2,87, le produit de ces deux nombres exprimera donc le poids de la pierre.

Volume en décimèt. cubes,	3315,85
Poids d'un décimèt. cube,	2,87

2321095
2652680.
663170..

9516,4895

Réponse : 9516 kilogr. 489 grammes.

Problême 39ᵉ. Du bois de chauffage ayant 1 mètre 3 décimètres de longueur, combien contient de stères une pile de bois de 3 mètres 25 centimètres de long, sur 1 mètre 85 centimètres de hauteur ?

Longueur,	3,25		
Hauteur,	1,85	Surface,	6,0125
	1625	Long. du b.	1,3
	2 600		1 80375
	3 25		6 0125
Surf. du côté,	6,0125		7,81625

Réponse : 7 stères 816 millistères.

Problême 40ᵉ. Quel est le volume d'une pièce de bois de charpente, ayant 13 mètres 4 décimètres de long, et 47 centimètres sur 39 d'équarrissage ?

Equarrissage, { 0,47
0,39

423
141.

Produit, 0,1833 à mult. par la long.

0,1833
Longueur, 13,4   Réponse : 2 stères
7332   456 millistères.
5499.
1833..

Volume, 2,45622

Nota. Les pièces ordinaires de charpente ayant le plus souvent moins d'un stère; de plus le décistère se rapprochant beaucoup de l'ancienne mesure appelée solive, dont on se servait dans tous les chantiers, les marchands de bois trouvent plus commode de compter et de vendre au décistère. Ceci ne change absolument rien au métrage du bois; en effet, un décistère étant le dixième d'un stère ou d'un mètre cube, il suffit, ayant trouvé le volume en mètres cubes, de repousser la virgule d'un rang vers la droite, pour obtenir immédiatement une expression en décistères du volume de la pièce.

Ainsi, dans l'exemple précédent, nous aurions 24,5622 ou 24 décistères 56 millistères. Il faut seulement observer que, dans ce cas, les millistères sont représentés par le second chiffre après la virgule, qui détermine les dé-cistères.

Nous allons appliquer cette observation à la mesure d'une pièce de faible dimension.

Problême 41ᵉ. Quel est le volume d'une pièce de bois de 3 mètres 75 centimètres de long, et de 24 centimètres, sur 18 d'équarrissage ?

$$\begin{array}{rl}
\text{Equarrissage,} & \left\{\begin{array}{l} 0,24 \\ 0,18 \end{array}\right. \\[1ex]
 & \overline{\quad 192} \\
 & \quad 24. \\[0.5ex]
\text{Produit,} & \overline{0,0432} \;(18)\; \text{à mult. par la long.} \\[1ex]
 & \quad 0,0432 \\
\text{Longueur,} & \quad 3,75 \\[0.5ex]
 & \overline{\quad 2160} \\
 & \quad 3024. \\
 & \underline{1296..}
\end{array}$$

Vol. en stèr. 0,162000   en décistères 1,62.

Réponse : 1 décist. 62 millist. à peu près.

On pourrait arriver directement au même résultat, en séparant dans le produit de l'une ou de l'autre multiplication un chiffre fractionnaire de moins que ne l'indique la règle ordinaire. En effet, si dans l'exemple précédent on ne sépare au dernier produit que cinq chiffres au lieu de six, que l'on doit séparer en suivant la règle, la virgule se trouvera immédiatement placée après le chiffre, qui doit représenter les dixièmes ou décistères.

Problème 42ᵉ. Une charrette, destinée au transport de la tourbe, a 4 mètres 7 décimètres de long, sur un mètre 35 centimètres de large, et 1 mètre 28 centimètres de hauteur, à l'intérieur; quelle est, en stères, la capacité de cette voiture?

Longueur,	4,7	Surface,	6,345
Largeur,	1,35	Hauteur,	1,28
	235		50760
	1 41 .		1 2690 .
	4 7 . .		6 345 . .
Surface,	6,345	Capacité,	8,12160

Réponse : 8 stères 122 millistères.

Problème 43ᵉ. On demande quel est le volume d'un pilier en maçonnerie, ayant la forme d'un prisme octogonal, c'est-à-dire, ayant pour base un polygone régulier à huit côtés égaux; la hauteur de ce pilier est de 6 mètres 5 décimètres, et son épaisseur, entre deux faces opposées, 1 mètre 2 décimètres.

La mesure d'un prisme, quelle que soit la forme, s'obtient en multipliant la surface de la base par la hauteur.

La surface d'un polygone régulier s'obtient en multipliant son périmètre ou contour, par la moitié de la longueur d'une perpendiculaire, menée du centre sur l'un des côtés, quand le nombre des côtés est pair, cette perpendiculaire (apothème) est égale à la moitié de la largeur du polygone, mesurée entre deux côtés opposés. C'est le cas qui se présente ici.

L'épaisseur du pilier ou la largeur de la base étant de mètre 1,2, le périmètre doit être de mètres 3,976*; multiplions ce nombre par la moitié de l'apothème ou de la perpendiculaire dont nous venons de parler, et qui est de mètre 0,3, nous aurons la surface de la base; nous n'aurons plus qu'à la multiplier par la hauteur.

Périmètre,	3,976	Base,	1,1928
Demi-apothème,	0,3	Haut.	6, 5
Surf. de la base,	1,1928		59640
			7 1568 .
		Volume,	7,75320

Réponse : 7 mètres cubes, 753 millièmes.

Problême 44ᵉ. La base d'une pyramide présente une surface de 16 mètres carrés 75 centièmes, la hauteur est de 8 mètres 6 décimètres, quel est son volume?

Le volume d'une pyramide, quelle que soit sa forme, s'obtient en multipliant la surface de sa base par sa hauteur, et prenant le tiers du produit.

Surf. de la base,	16,75	
Hauteur,	8,6	R. 48 stères
	10 050	17 millistères.
	134 00 .	
Produit,	144,050	
Tiers du produit,	48,017	

(*) Nombre obtenu par un procédé géométrique que nous ne pouvons indiquer ici.

Problême 45ᵉ. Quel est le volume de la maçonnerie d'un puits ayant 15 mètres de profondeur et 1 mètre 7 décimètres de diamètre intérieur, cette maçonnerie ayant partout 45 centimètres d'épaisseur ?

Ce problême peut se résoudre de deux manières : nous pouvons considérer d'abord le puits comme étant plein, ce qui nous présentera un cylindre de 15 mètres de long sur un diamètre de 1,7, plus deux fois l'épaisseur de la maçonnerie, en tout 2,6; nous obtiendrons le volume de ce cylindre, en multipliant la surface de sa base par sa longueur. Ayant mesuré ce premier cylindre, nous en retrancherons le volume du cylindre intérieur, ou la capacité du puits.

Le second procédé, plus expéditif, et que, par cette raison, nous allons employer, consiste à multiplier la base du cylindre creux de maçonnerie, par la hauteur de ce cylindre.

Pour obtenir cette base, deux moyens se présentent encore : nous pouvons mesurer la surface du cercle intérieur et celle du cercle extérieur, puis retrancher la première de la seconde, ou nous pouvons l'obtenir directement, en multipliant l'épaisseur de la maçonnerie par une circonférence ayant un diamètre moyen entre les diamètres des deux cercles. C'est ce que nous allons faire.

Grand diamètre,	2,6
Petit diamètre,	1,7
	4,3
Diamètre moyen,	2,15

Rapport de la circ. au diam.	3,14
Diamètre moyen,	2,15
	1570
	314.
	6 28..
Circonférence moyenne,	6,7510
Epaisseur de maçon	0,45
	337550
	2 70040
Surface de la base,	3,037950
Profondeur du puits,	15
	15 189750
	30 37950
Volume,	45,569250

Réponse : 45 stères 569 millistères.

Problême 46e. Quel serait le poids d'une sphère massive de cuivre, ayant 36 centimètres de diamètre, le poids d'un décimètre cube de cuivre fondu étant de 8 kilogrammes 788 grammes ?

Le volume d'une sphère s'obtient en multipliant la surface par le sixième du diamètre. La surface s'obtient, nous l'avons déjà dit, en multipliant le diamètre par la circonférence.

Pour obtenir immédiatement des décimètres cubes, nous prendrons le décimètre pour unité de longueur.

Rapport,	3,1416
Diamètre,	3,6

$$188496$$
$$94248.$$

Circonférence,	11,30976
Diamètre,	3,6

$$6785856$$
$$3392928.$$

Surface,	40,715136

Surface de la sphère,	40,715136
Sixième du diamètre,	0,6
Volume,	24,4290816

Le volume de la sphère est donc de 24 décimètres cubes 429 millièmes. Nous pouvons, sans erreur sensible, négliger la petite fraction qui suit les millièmes.

Volume de la sphère,	24,429
Poids d'un décim. cube,	8,788

$$195432$$
$$195432.$$
$$171003..$$
$$195432...$$

Poids de la sphère,	214,682052

Réponse : 214 kilogrammes 682 grammes.

5

DE LA DIVISION.

21. La division se définit de diverses manières, selon les divers usages auxquels on l'ap-
plique.

C'est une opération par laquelle on partage
un nombre donné en autant de parties égales
qu'il y a d'unités dans un autre nombre, ou
par laquelle on cherche combien de fois un
nombre est contenu dans un autre.

Ces deux définitions ne conviennent bien
qu'à la division par des nombres entiers.

La définition la plus complète et la plus rigoureuse est celle-ci : La division est une
opération par laquelle, deux nombres étant
connus, on en trouve un troisième qui est à
l'unité ce que le premier est au second.

Du reste, l'application de la division à la
solution de quelques problêmes, fera mieux
comprendre ses usages, que la meilleure définition qu'on en pourrait donner.

Disons, en attendant, qu'on se sert ordinairement de la division pour partager, entre
plusieurs, une certaine quantité de marchandise ou de monnaie ; pour trouver le prix d'un
objet, connaissant le prix d'un certain nombre
d'objets, le prix de l'unité, connaissant le
prix d'une quantité quelconque.

Une division a toujours deux termes : le
nombre à diviser et celui par lequel on divise ;
le premier se nomme dividende, le second diviseur. Le résultat de la division se nomme

quotient. Ainsi, en divisant 18 par 3, on trouve 6; 18 est le dividende, 3 le diviseur et 6 le quotient.

Ne pouvant donner ici une théorie complète de la division, nous nous contenterons de rappeler au lecteur, à l'aide d'un exemple, comment s'effectue la division sur les nombres entiers.

Soit à diviser 29148 par 84, ou, si l'on veut, à chercher ce qui reviendrait à chacun, si l'on partageait la somme de 29148 fr. entre 84 individus.

22. Ayant disposé les deux termes de la division ainsi qu'il suit, savoir : le dividende à gauched'une barre verticale, et le diviseur à droi-et de cette barre et au-dessus d'une barre horizontale, qui doit le séparer du quotient, on marque par un point à gauche du dividende, un nombre au moins aussi grand que le diviseur, mais plus petit que le diviseur suivi d'un zéro. Le nombre, ainsi déterminé, forme le premier dividende partiel.

On cherche combien de fois ce premier dividende partiel contient le diviseur. Si on ne peut le trouver de mémoire, immédiatement, ce qui arrive à peu près toutes les fois que le diviseur se compose de plusieurs chiffres, on le trouve en négligeant pour un instant une partie de ces chiffres, et en cherchant seulement, combien de fois le premier chiffre à droite du diviseur (ou les deux premiers, si le premier est très-petit), est contenu dans la partie du dividende partiel, qui renferme les unités de même ordre. Ce nombre, d'après la manière dont le dividende partiel a été déterminé, ne doit jamais excéder 9.

Le premier chiffre du quotient étant trouvé, on le place au-dessous du diviseur, sous la barre horizontale ; puis, on multiplie tout le diviseur par ce chiffre et on retranche le produit, au fur et à mesure qu'il s'effectue, du premier dividende partiel. À côté du reste obtenu par la soustraction, on place le chiffre du dividende total, qui suit immédiatement le premier dividende partiel, ce qui fournit un second dividende sur lequel on opère comme sur le premier, et ainsi de suite, jusqu'à ce que tous les chiffres du dividende total soient épuisés.

$$\begin{array}{r|l} 291.48 & \\ 394\;\cdot & 84 \\ \hline 588 & \overline{347} \\ 000 & \end{array}$$

Ainsi, dans l'exemple proposé, nous dirons, après avoir disposé nos deux termes et marqué le premier dividende partiel :

En 29 combien de fois 8 ? trois fois ; posons 3 au quotient, multiplions le diviseur par 3 et retranchons le produit du dividende partiel. Trois fois 4 font 12, à retrancher de 1, ne se peut....

Un obstacle se présente ici, dès le premier chiffre, et doit se présenter encore, à chaque multiplication : pour lever cette difficulté, nous ajouterons, par la pensée, au chiffre dont nous aurons à retrancher un produit plus ou moins grand, un nombre suffisant de dizaines, pour pouvoir effectuer la soustraction, et afin de ne pas augmenter par là le reste que nous devons trouver, nous retiendrons ces dizaines, pour en augmenter le reste du produit que nous avons à retrancher ; notre reste, alors, ne sera pas altéré, par la raison fort simple qu'on ne change pas la différence de deux nombres, en les augmentant tous deux d'une même quantité.

Reprenons donc notre opération et disons : Trois fois quatre font 12, à retrancher de 21, reste 9, que nous posons sous le 1 et nous retenons 2 ; trois fois huit font 24, et 2 de retenue 26, à retrancher de 29, reste 3.

A côté du reste 39, descendons le 4, ce qui nous donne 394 pour second dividende partiel, opérons sur celui-ci comme nous l'avons fait sur le premier : En 39 combien de fois 8 ? quatre fois ; quatre fois quatre font 16, à retrancher de 24 (remarque précédente), reste 8 et nous retenons 2 ; quatre fois huit font 32 et 2 de retenue 34, à retrancher de 39, reste 5. Descendons le 8 et continuons. En 58 combien de fois 8 ? sept fois ; sept fois quatre font 28, à retrancher de 28, reste 0, et nous retenons 2 ; sept fois huit font 56, et 2 de retenue 58, qui retranché de 58 donne pour reste 0.

Notre division est entièrement achevée, le quotient 347 nous indique que le diviseur est contenu dans le dividende trois cent quarante-sept fois exactement, ou qu'en divisant la somme représentée par le dividende entre 84 personnes, chacune aurait, pour sa part, 347 fr.

23. Mais il arrive rarement qu'une division fournisse, au quotient, un nombre entier; presque toujours, quand tous les chiffres du dividende ont été employés, il reste encore une certaine quantité qui n'est pas divisée, ce qui indique que le quotient ne doit pas être un nombre entier exactement, mais un nombre entier, suivi d'une fraction, c'est alors que nous devons faire intervenir les chiffres fractionnaires décimaux. Un exemple va nous faire comprendre :

Soit à diviser 4688 par 64.

468.8
 20.8 | 64
 16,0 | ‾‾‾‾
  3,20 | 73,25
   00 |

Opérons comme précédemment : En 46, combien de fois 6? sept fois; sept fois quatre font 28, à retrancher de 28, reste 0, et nous retenons 2 ; sept fois six 42 et deux 44, à retrancher de 46 reste 2. Abaissons 8. En 20 combien de fois 6, trois fois ; trois fois quatre 12, à retrancher de 18 reste 6, et nous retenons 1 ; trois fois six 18 et un 19, à retrancher de 20, reste 1.

Il nous reste donc 16 unités à diviser par 64, ce qui ne saurait nous donner une unité de plus au quotient, mais doit nous donner une quantité plus petite.

Pour obtenir cette quantité fractionnaire, convertissons notre reste 16 en dixièmes, et, pour cela faire, ajoutons-y un o, nous aurons alors 160 dixièmes à diviser par 64, ce qui, évidemment, nous fournira des dixièmes au quotient. Mettons donc une virgule après 73, et continuons :

En 16 combien de fois 6? deux fois; deux fois quatre 8, à retrancher de 10 reste 2, et nous retenons 1; deux fois six 12 et un 13, à retrancher de 16, reste 3.

Il nous reste encore 3,2 ou 32 dixièmes à diviser : convertissons-les en centièmes, en ajoutant un o, et ce nouveau dividende partiel nous fournira au quotient des centièmes.

En 32 combien de fois 6? cinq fois; cinq fois quatre 20, à retrancher de 20 reste o, et retenons 2; cinq fois six 30 et deux 32, à retrancher de 32, reste o.

Divisons, maintenant, un nombre fractionnaire par un nombre entier : 437,45 par 85.

$$
\begin{array}{r|l}
437,45 & \\
12,4 & 85 \\
3,92 & \overline{5,1461} \\
520 & \\
100 & \\
\text{Reste } \quad 15 & \\
\end{array}
$$

Notre premier dividende partiel se compose de toute la partie entière du dividende total.

En 43 combien de fois 8? cinq fois; cinq fois 5 25, à retrancher de 27 reste 2, et nous retenons 2; cinq fois huit 40, et deux de retenue 42, à retrancher de 43, reste 1.

Il nous reste ici 12 unités qui, réduites en dixièmes, font 120 dixièmes; mais au lieu d'ajouter un zéro à ce reste, comme nous l'avons fait dans l'exemple précédent, descendons les 4 dixièmes du dividende, ce qui, joint aux 120 dixièmes du reste, nous donne 124 dixièmes pour second dividende partiel. Nous pouvons donc continuer et dire : En 12 combien de fois 8 ? une fois ; une fois 5 à retrancher de 14, reste 9, et 1 de retenue ; une fois 8 et 1 neuf, à retrancher de 12, reste 3.

A côté du nouveau reste 39, abaissons le 2 des centièmes, ce qui nous donne des centièmes au quotient ; en 39 combien de fois 8 ? quatre fois ; quatre fois 5 20, à retrancher de 22, reste 2 et nous retenons 2 ; quatre fois 8 font 32, et deux 34, à retrancher de 39, reste 5.

Arrivés à la fin de notre dividende, nous continuerons notre division, si nous avons besoin d'un plus grand degré d'exactitude au quotient, en convertissant en millièmes, par l'addition d'un o, les 15 centièmes qui nous restent ; en 52 combien de fois 8 ? six fois. Six fois 5 font 30, etc. Nous pourrons ainsi obtenir au quotient des millièmes, des dix-millièmes, des cent-millièmes, etc. ; en convertissant, à l'aide de zéros, tous nos restes successifs en unités toujours de dix en dix fois plus petites. Il arrivera souvent que la division ne se fera pas exactement, mais nous pourrons arriver toujours à un quotient qui ne différera du véritable que d'une quantité aussi petite que nous voudrons. Car, si nous arrêtons, par exemple, notre quotient aux millièmes, c'est-à-dire si, ayant trouvé trois chiffres fraction-

naires au quotient, nous négligeons le reste,
la quantité dont notre quotient sera trop petit, sera moindre qu'un millième ; cette quantité sera moindre qu'un millionième, si nous
poussons le quotient jusqu'au sixième chiffre
fractionnaire; enfin, elle sera d'autant plus petite, que le dernier chiffre de notre quotient
sera plus éloigné de la virgule.

24. Nous diviserons avec autant de facilité,
un nombre quelconque, entier ou fractionnaire,
par un nombre entier plus grand ; par exemple
7 par 52 :

7,0
 180 52
  240 ————
   320 0,1346

Reste o8

En effet, nous dirons : en 7 combien de fois 52 ? il n'y est pas une fois ; donc nous n'aurons pas d'unités au quotient, posons o et une virgule; ajoutons un zéro au dividende, pour le convertir en dixièmes, et disons : En 70 combien de fois 52 ? une fois ; une fois 2 à retrancher de 10, reste 8, et nous retenons un ; une fois 5 et un 6, à retrancher de 7, reste 1.

En ajoutant un zéro à ce reste, nous en ferons des centièmes et nous pourrons continuer, comme dans les exemples précédents.
Nous trouverons pour quotient, en poussant
jusqu'au 4ᵉ chiffre, 1346 dix-millièmes d'u-
nités, donc ce quotient ne diffère pas, du quotient rigoureusement exact, d'un dix-millième
d'unité. Cette approximation est plus que suf-
fisante dans la plupart des cas.

25. Avant d'aller plus loin, formulons la règle

de la division par un nombre entier. Après avoir, comme nous l'avons indiqué, disposé les deux termes et déterminé le premier dividende partiel, on cherche combien de fois ce dernier nombre contient le diviseur ; on place le chiffre trouvé sous celui-ci ; on multiplie ces deux nombres l'un par l'autre, et l'on en retranche le produit du dividende partiel ; on descend le chiffre suivant à côté du reste, et on réitère l'opération jusqu'à l'épuisement des chiffres du dividende total, en ayant soin de placer une virgule au quotient, dès que l'on a épuisé les chiffres entiers du dividende. Si, les chiffres du dividende étant épuisés, on n'a pas un quotient suffisamment approché, on supplée aux chiffres du dividende, en ajoutant un o à chacun des restes successifs, ce qui permet de pousser indéfiniment l'approximation du quotient.

Voyons maintenant comment nous diviserons un nombre quelconque par un diviseur fractionnaire ; mais auparavant exposons un principe sur lequel nous nous appuyerons pour effectuer cette division.

26. Ce principe est celui-ci : *on ne change pas la grandeur du quotient, en rendant le dividende et le diviseur le même nombre de fois plus grands, ou le même nombre de fois plus petits,* c'est-à-dire en multipliant ou en divisant par un même nombre les deux termes de la division.

En effet, divisons 12 par 3, nous trouverons pour quotient 4 ; divisons ensuite cinq fois 12 ou 60 par cinq fois 3 ou 15, nous trouverons encore 4, car, en rendant le dividende 5 fois plus grand, si nous ne changions pas le diviseur, ce dernier s'y trouverait contenu un nombre de fois cinq fois plus grand ; mais si nous rendons aussi ce diviseur 5 fois plus grand, il sera contenu dans le dividende un nombre de fois cinq fois plus petit. Il est évident que plus le dividende grandit, plus le quotient grandit ; que plus le diviseur grandit, plus le quotient diminue, et réciproquement.

En nous appuyant sur ce principe, nous allons voir que lorsqu'un diviseur est fractionnaire, il est toujours possible, à l'aide d'un simple déplacement de virgule, de ramener la division au cas précédent, c'est-à-dire à la division d'un nombre quelconque par un nombre entier.

Soit à diviser 475,35 par 8,3.

```
475,3,5  |  8,3
  6o 3    |--------
    2 2 5 |  57,27
      5 90
Reste   09
```

Supprimons la virgule du diviseur, nous rendons par là ce nombre dix fois plus grand qu'il était d'abord, puisqu'au lieu de 83 dixièmes il représente, après la suppression de la virgule, 83 unités. Pour ne pas changer la grandeur du quotient que nous cherchons, il nous suffit donc de rendre aussi le dividende dix fois plus grand, ce que nous ferons en avançant la virgule d'un rang vers la droite ; nous obtiendrons par là 4753,5 à diviser par 83, au lieu de 475,35 à diviser par 8,3.

En effectuant la division juxqu'aux centièmes, nous trouverons au quotient 57,27.

Encore un exemple avant de formuler la règle : divisons 324,9 par 7,45.

$$324,90, \quad | \; 7,45$$
$$26\;90 \qquad | \; \overline{43,61}$$
$$4\;55\;0$$
$$.\;8\;00$$
$$\text{Reste} \qquad .\;55$$

Si nous supprimons la virgule du diviseur, il devient par là cent fois plus grand ; pour rendre aussi le dividende cent fois plus grand, afin de ne pas altérer la grandeur du quotient, il faut reculer de deux rangs vers la droite la virgule de ce dividende ; nous n'avons qu'un chiffre après cette virgule, mais nous pourons, avons-nous dit (9), sans changer la valeur d'un nombre, ajouter à sa droite, à la suite des chiffres fractionnaires, autant de o qu'il nous plaira d'en ajouter. Profitons donc de cette faculté, ajoutons des o à la suite de notre dividende, et nous pourrons avancer notre virgule d'autant de rangs qu'il sera nécessaire.

Un o suffit pour atteindre ce but, dans l'exemple que nous avons choisi. Notre division devient celle de 32490 par 745, et nous donne pour quotient 43,61 à moins d'un centième près.

Des deux exemples qui précèdent, il est fa

cile de déduire cette règle *unique* (*) et sans aucune exception.

27. Pour diviser un nombre quelconque par un nombre fractionnaire, *il faut considérer le diviseur comme un nombre entier* (ce qui revient à supprimer de fait la virgule) *et avancer la virgule du dividende vers la droite, en ajoutant des o, s'il est nécessaire, d'autant de rangs qu'il y a de chiffres fractionnaires au diviseur.*

Un dernier exemple, avant de passer aux problêmes : divisons 537 par 6,45.

```
        537,00,    | 6, 45        Le diviseur, con-
         21,00     |_________     tenant deux chif-
          1 65,o   | 83, 255      fres fractionnai-
           36,00                  res, il faut, d'a-
            3,75o                 près la règle,
Reste       ,53o                  avancer la vir-
```

gule du dividende de deux rangs vers la droite, ce que nous faisons après avoir ajouté deux o à ce dividende ; nous sommes conduits par là à diviser 53700 par le nombre entier 645, et nous obtenons pour quotient, à moins d'un millième près, 83,255.

Si nous voulons vérifier les opérations précédentes (car il est bon de pouvoir s'assurer

---

(*) Nous disons règle unique, parce que beaucoup d'arithméticiens en donnent deux, dont l'une est non-seulement superflue, mais conduit à augmenter inutilement le nombre des chiffres du diviseur, ce qui rend nécessairement la division plus laborieuse et ne simplifie nullement la théorie.

de l'exactitude de ses opérations), rappelons-nous que le quotient d'une division exprime combien de fois le diviseur est contenu dans le dividende, et que, par conséquent, si nous répétons le diviseur autant de fois qu'il y a d'unités dans le quotient, c'est-à-dire, si nous multiplions ces deux nombres l'un par l'autre, nous devrons retrouver le dividende, moins le reste de la division, s'il y en a un. On fait la preuve d'une division en multipliant le diviseur par le quotient, et en ajoutant le reste au produit, pour retrouver le dividende, ce qui fait dire que la division est une opération, par laquelle un produit et l'un de ses facteurs étant donnés, on retrouve l'autre facteur.

Il suit de là aussi, que pour vérifier une multiplication, il faut en diviser le produit par l'un des facteurs. Si on divise par le multiplicateur, on doit trouver au quotient le multiplicande sans aucun reste, et réciproquement.

Problême 47°. Une gratification de 1200 fr. a été accordée aux ouvriers d'une usine, ils sont 65; que revient-il à chacun?

Il est évident qu'il revient à chacun la 65me partie de 1200 fr., ou une somme 65 fois plus petite que 1200; nous obtiendrons donc le résultat demandé, en divisant 1200 par 65.

(91)

```
1200    |65       La part de chaque
 550    |‾‾‾‾‾    ouvrier sera donc de
  30,0  |18,46    18 f. 46 c., sauf 10 c.
   4 00          qui resteront à par-
     10          tager.
```

Problême 48ᵉ. Des ouvriers, au nombre de 54, ont formé, en se cotisant, une caisse de secours, dont le montant s'élève actuellement à 1875 fr. 25 c. La société se dissolvant, ils conviennent de se partager cette somme; que doit toucher chacun d'eux?

```
Divisons    par
1875,25    |54        Preuve de l'opération.
  255      |‾‾‾‾‾                 34,72
   39,2    |34,72                    54
    1 45                         ‾‾‾‾‾‾‾
Reste  37                         13888
‾‾‾‾‾‾‾‾‾‾‾‾‾‾‾‾                   17360
                         Reste        37
                                 ‾‾‾‾‾‾‾
                                 1875,25
                                 ‾‾‾‾‾‾‾
```

Réponse : 34 fr. 72 c.; reste 37 c. à partager.

Problême 49ᵉ. Une personne a un revenu annuel de 1250 fr., et paie un loyer de 225 fr., elle veut savoir ce qu'elle peut dépenser par jour, l'un portant l'autre.

En retranchant 225 fr. du revenu de cette personne, il lui reste pour ses dépenses journalières 1025 fr.; elle peut chaque jour dépenser la 365ᵐᵉ partie de cette somme.

Divisons donc par

1025	365	Réponse : un peu
295,0	2,808	moins de 2 fr.
. 3000		81 c.
,080		

Problême 50ᵉ. Une pièce d'étoffe contenant 43 mètres 7 décimètres, a coûté 382 fr. 38 c. ; on demande le prix d'un mètre.

Divisons par
382,3,8 │43,7   Réponse : 8 fr. 75 c.
3278   │8,75
        2190
Reste   005

Après avoir avancé la virgule du dividende d'un rang vers la droite, afin d'avoir un diviseur entier, nous divisons 3823,8 par 437, ce qui, avons-nous dit, ne doit pas altérer le quotient. Les 5 millimes qui restent viennent de ce qu'en calculant le prix de la pièce, on a compté 5 millimes au profit du marchand, ce dont nous allons nous assurer, en faisant la preùve de la division.

Soit   43,7
à   8,75   le mètre.
           2185
          3059
          3496
Prix de la pièce,   382,375 au lieu de 382,38
Ajoutons le reste,   5
Total,   382,380

Problême 51ᵉ. Le mètre d'étoffe coûtant 8 fr. 75 c., combien aura-t-on de mètres pour 1200 fr.

On en aura évidemment autant que le nombre 8,75 est contenu de fois dans 1200 ; divisons donc ce dernier nombre par 8,75.

<pre>
 1200,00, | 8,75
   3250 |—————
   6250 | 1 37,142
     1250
      3750
       2500
 Reste   750
</pre>

Preuve.

<pre>
        137,142
          8,75
        —————————
        685710
        959994.
       1097136..
 Reste   750
       —————————
       1200,00000
</pre>

Réponse : 137 mètres 142 millimètres.

N'ayant pas de chiffres décimaux au dividende pour pouvoir avancer notre virgule de deux rangs, c'est-à-dire d'autant de rangs que nous avions de chiffres décimaux au diviseur, nous y avons suppléé par des zéros, ce qui nous a conduits à diviser 120000 par 875.

Les deux zéros que nous avons ajoutés à cet effet, et les trois que nous avons ajoutés plus tard pour obtenir des chiffres décimaux au quotient, se retrouvent au produit que nous avons fait pour vérifier la division.

28ᵉ. On a quelquefois à diviser un nombre par un nombre plus grand, c'est-à-dire que dans certains problêmes, pour la solution desquels on est obligé d'employer la division, le dividende se trouve plus petit que le diviseur.

Les questions de ce genre ne laissent pas que d'embarrasser les personnes peu habituées au calcul, et qui, s'appuyant sur l'une des premières définitions que nous avons données de la division, en les signalant comme incomplètes, ne conçoivent pas la possibilité de la division d'un petit nombre par un grand. Quelques exemples vont faire disparaître cette petite difficulté.

Problême 52. On a adjugé à un jardinier, dans une vente à l'enchère, 64 vases à fleurs, qui lui coûtent, frais de vente compris, 8 fr.; combien lui coûte chaque vase ?

Chaque vase coûte au jardinier la 64me partie de 8 fr. ; il faut donc, pour trouver le prix demandé, diviser 8 par 64.

$$\begin{array}{r|l} 8,0 & 64 \\ 160 & \overline{0,125} \\ 320 & \\ 000 & \end{array}$$

Réponse : 0 fr. 12 c. et 5 dixièmes de centime ou 12 centimes et demi.

8 divisé par 64 ne peut pas évidemment donner d'unités au quotient, mettons donc zéro aux unités. Mais si nous convertissons nos 8 unités en dixièmes, en y ajoutant un zéro précédé d'une virgule, nous avons 80 dixièmes qui, divisés par 64, nous donnent 1 dixième au quotient, et il nous reste 16 dixièmes; convertissons ce reste en centièmes, à l'aide d'un nouveau zéro, et divisons le nombre 160 qui en résulte, nous trouvons pour quotient 2 centièmes et pour reste 32 centièmes; si, enfin, nous faisons des millièmes de ce nouveau reste,

nous en trouverons 320 qui, divisés par 64, nous donnent exactement 5.

Le quotient de 8 par 64 est donc 0 unités, 125 millièmes.

En effet,   0,125
Multipliés par   64
—————
500
750.
—————
Donnent   8,000

Les trois zéros de ce produit vérificateur proviennent justement des trois zéros que nous avons été obligés d'ajouter successivement pour former nos dividendes partiels.

Problême 53ᵉ. On a adjugé, dans la même vente, et au même individu, un lot de 325 griffes de renoncules, moyennant la somme modique de 26 fr., frais compris; à combien lui revient la griffe?

Nous trouverons le prix demandé en divisant 26 par 325.

26,00 | 325
000 | ——
      | 0, 08   Réponse : 8 centimes.

26 divisé par 325 ne pouvant donner d'unités au quotient, nous y placerons d'abord un zéro suivi d'une virgule. Plaçant un zéro à droite du dividende, nous avons obtenu 260 dixièmes; mais ce nombre ne contenant pas encore le diviseur, ne pouvait nous donner de dixièmes au quotient, nous avons placé un zéro au rang des dixièmes, et nous avons enfin transformé notre dividende en 2600 centièmes, par l'addition d'un nouveau zéro à sa

droite; alors nous avons trouvé pour quotient 8 centièmes exactement.

Problême 54ᵉ. Un débitant a acheté du vin qui lui revient, tous frais comptés, à 125 fr. la pièce de 220 litres ; combien doit-il vendre le litre pour faire un bénéfice de 25 fr. par pièce?

Suivant cet énoncé, ce marchand doit retirer 150 fr. de 220 litres de vin, donc il doit vendre le litre la 220ᵐᵉ partie de 150 fr. Divisons donc 150 fr. par 220.

$$\begin{array}{l|l} 150,0 & 220 \\ 18,00 & \overline{0,68} \end{array}$$

Reste 0,40

Réponse : 68 c. environ.

Ne pouvant diviser 150 par 220, nous avons converti notre dividende en dixièmes, en y ajoutant un zéro, ce qui a dû nous fournir des dixièmes pour premier chiffre du quotient ; nous avons, en conséquence, écrit zéro d'abord, puis nous avons effectué la division comme à l'ordinaire.

Le quotient 0,68 est un peu trop faible, puisqu'il nous reste encore 0,40 à diviser ; mais ce reste ne pouvait nous donner que quelques millièmes de plus, et nous avons dû les négliger ; il suit de là, qu'en vendant son vin 68 centimes le litre, le marchand ne gagnera pas 25 fr., comme l'exigeait l'énoncé du problême, mais bien 24 fr. 60 cent. En vendant 69 cent. le litre, le marchand gagnerait 26 fr. 80 c.

On voit qu'il n'est pas possible, en employant notre monnaie courante, de résoudre le problême plus exactement.

Quoique, dans les opérations usuelles, on ait rarement occasion de diviser une petite fraction par un grand nombre, nous allons, pour compléter autant que possible la théorie du calcul décimal, choisir un exemple de ce genre, où seront réunies toutes les difficultés que peut présenter la division des nombres fractionnaires décimaux.

Faisons, auparavant, une observation simple, mais nécessaire, d'où nous déduirons une règle, qui nous rendra plus facile la solution du problême, dont nous allons nous occuper.

29. On a pu remarquer, dans la solution des problêmes précédents, que quand le dernier chiffre d'un dividende partiel (la modification relative à la virgule étant faite), représentait des dizaines, le chiffre fourni au quotient par ce dividende représentait aussi des dizaines ; que si ce dernier chiffre représentait des unités, le chiffre du quotient était des unités ; que s'il représentait des dixièmes, il fournissait au quotient des dixièmes, etc. ; ce qui s'explique facilement, puisqu'on doit nécessairement trouver au quotient des unités de l'espèce de celles que l'on divise. Il suit de là qu'*un chiffre quelconque d'un quotient, est toujours de même ordre que le dernier chiffre du dividende partiel qui l'a fourni, et doit, par conséquent, occuper le même rang avant ou après la virgule.*

Problême 55ᵉ. Quel quotient doit-on trouver, en divisant 0,042 par 8,75 ?

$$\begin{array}{c|c} 0,04,200 & 8,75 \\ 7000 & \overline{0,0048} \\ 000 \end{array}$$

Réponse : 48 dix-millièmes, ou 0,0048.

Rappelons, pour les appliquer ici, les règles que nous avons formulées.

Nous avons deux chiffres fractionnaires au diviseur, et nous devons considérer ce diviseur comme un nombre entier ; ce faisant, nous le considérons comme ayant une grandeur cent fois plus grande que sa grandeur réelle ; donc il faut (26), pour ne pas changer la grandeur du quotient, rendre aussi le dividende cent fois plus grand, en avançant sa virgule de deux rangs vers la droite, ce qui nous conduit à diviser 4,2 par 875.

Notre premier dividende partiel (22) doit être au moins aussi grand que le diviseur, et plus petit que ce diviseur, suivi d'un o ; pour obtenir un nombre qui remplisse ces conditions, il nous faut ajouter deux o à droite de 4,2, ce qui ne change pas la valeur de ce nombre (9), et nous donne, pour premier dividende partiel : 4,200.

Le dernier chiffre de ce premier dividende étant au troisième rang après la virgule, le premier chiffre du quotient doit, d'après la règle tirée de notre dernière observation, occuper le même rang.

Mettons donc o au rang des unités, o aux

premier et deuxième rangs après la virgule, et plaçons au rang des millièmes le 4 provenant de la division de 4200 par 875.

La place que doit occuper le 1ᵉʳ chiffre du quotient étant déterminée, les autres chiffres viennent naturellement prendre place à sa suite.

Vérifions maintenant notre opération, en multipliant, par le quotient, le diviseur réel 8,75, et nous retrouverons bien 0,042.

```
      8,75
      0,0048
    ___________
         7000
         3500
    ___________
    0,042000
```

N'oublions pas que nous avons ici, 6 chiffres fractionnaires à séparer au produit.

Problème 56ᵉ. Une caisse contenant 235 kilogrammes 8 hectogrammes de savon, revient au marchand, tous frais payés, à 264 fr. 25 c., combien coûte le kilogramme?

```
   2642,5   |  235,8      Réponse : 1 fr. 12 c.,
   . 284,5  |  _______         à très-peu près.
      48,70 |  1,12
Reste, 01,54 |
```

Problème 57ᵉ. Une pile de fagots a été vendue en bloc 260 fr.; on demande ce qu'a coûté à l'acheteur le cent de fagots, sachant que la pile en contenait 735?

Deux moyens se présentent pour résoudre ce problème :

1° Nous pouvons diviser 260 par 735, c'est-à-dire, le prix de la pile par le nombre de fagots, ce qui nous fera connaître d'abord le prix d'un fagot; nous n'aurons plus alors qu'à multiplier ce prix par 100;

2° Nous pouvons immédiatement trouver le prix du cent de fagots, en prenant pour unités les centaines du diviseur, c'est-à-dire en divisant le prix de la pile par le nombre de cents qu'elle contient, par 7,35.

Nous allons d'abord employer ce dernier moyen, puis nous reviendrons au premier, pour avoir occasion de faire une nouvelle observation :

$$
\begin{array}{r|l}
260,00 & 7,35 \\
3950, & \overline{35,374} \\
275,0 & \\
54,50 & \\
3,050 & \\
\end{array}
$$

Reste,   0,110

Réponse : 35 fr. 37 cent. à très-peu-près.

Employons maintenant le premier moyen que nous avons indiqué :

$$
\begin{array}{r|l}
260,0 & 735 \\
39,50 & \overline{0,35374} \\
2,750 & \\
,5450 & \\
3050 & \\
\end{array}
$$

Reste,   110

Le prix d'un fagot est de fr. 0, 35374; donc le prix du cent est de 35,374.

30. On peut ne pas voir, d'abord, de quelle utilité il peut être de pousser la division jusqu'à 5 chiffres fractionnaires, dans la recherche du prix d'un fagot, puisque le cinquième chiffre ne représente que des cent-millièmes de francs, ou des millièmes de centimes; mais si l'on

observé que le quotient de cette division doit être multiplié par cent, pour fournir la réponse demandée, on s'apercevra facilement qu'en négligeant les derniers chiffres de ce quotient, on n'obtiendrait pas le prix du cent, à un degré suffisant d'exactitude.

Si par exemple, nous nous contentions des deux premiers chiffres, ce qui nous donnerait o fr. 35 c. pour le prix d'un fagot, nous ne trouverions, pour le prix du cent, que 35 fr. au lieu de 35 fr. 374, que nous avons obtenu par le premier procédé ; nous commettrions donc une erreur de plus de 37 centimes sur ce prix. La petite fraction de franc, négligée sur le prix d'un fagot, deviendrait naturellement 100 fois plus grande, par suite de la multiplication du quotient, par 100.

Ce qui précède nous fait sentir la nécessité de pousser le quotient d'une division à un nombre plus ou moins grand de chiffres fractionnaires, toutes les fois que ce quotient doit être multiplié par un nombre plus ou moins grand.

Nous aurons plusieurs fois occasion de rappeler cette observation.

Problême 58°. Un homme veut vendre 15 ares de terre, d'une pièce rectangulaire ayant 37 mètres 3 décim. de largeur ; quelle longueur doit-il prendre de cette pièce ?

Quinze ares font 1500 centiares ou mètres carrés ; si nous connaissions la longueur demandée, nous obtiendrions 1500, en la multipliant par la largeur 37,3. Cette longueur sera donc exprimée, par le quotient de la division de 1500, par 37,3. Divisons :

15000,	373	
0080,0	40,21	Réponse : 40 mètres
05,40		21 centimètres.
1,67		

Supprimant la virgule du diviseur, pour faire de ce nombre un nombre entier, nous le rendons dix fois plus grand, il faut, pour ne pas changer le quotient, multiplier le dividende par 10, en y ajoutant un 0, ce qui nous conduit à diviser 15000 par 373.

Problème 56ᵉ. Un ouvrier mécanicien demande quel diamètre il doit donner à un cylindre, dont la circonférence doit être exactement de 2 mètres?

On obtient assez exactement la circonférence d'un cercle, en multipliant le diamètre par le nombre 3,1416; donc si l'on divise la circonférence par ce nombre, on obtiendra le diamètre.

2,00000	3,1416	Réponse : 63666
1150,40	0,63666	dix-millièmes de
207,920		mètre, ou 636 mil-
19,4240		limètres, 66 di-
5744		xièmes de milli-
		mètre.

En supprimant la virgule du diviseur, nous avons multiplié ce nombre par 10000; nous avons également multiplié le dividende par 10000, en y ajoutant quatre 0, ce qui nous a conduits à diviser 20000 par 31416.

DES FRACTIONS ORDINAIRES.

31. En divisant un nombre entier par un nombre entier, il arrive presque toujours (nous en venons de voir de nombreux exemples), que la division ne se fait pas exactement, qu'il reste au dividende une certaine quantité qui n'est pas divisée. Nous avons vu comment, en convertissant ce reste en dixièmes, en centièmes, en millièmes, etc., par l'addition successive de plusieurs zéros, il est possible d'approcher aussi près qu'on le désire du véritable quotient.

Souvent, dans ce cas, au lieu de poursuivre la division, on se contente d'indiquer, à l'aide d'un signe particulier, qu'à la suite de la partie entière du quotient, il doit y avoir une partie fractionnaire ; ce signe n'est autre chose qu'une barre horizontale au-dessus de laquelle on place le reste du dividende et, au-dessous, le diviseur. Un exemple va nous faire comprendre.

Soit à diviser 37 par 8 ; en 37 nous avons quatre fois 8, et il reste 5 à diviser. Au lieu de chercher les chiffres décimaux qui doivent compléter le quotient, écrivons à la suite du 4 qui y figure déjà, $\frac{5}{8}$. Le résultat de notre division sera alors représenté par cette expression : 4 plus $\frac{5}{8}$, que nous pourrons lire ainsi : Quatre, plus cinq à diviser par huit.

Mais diviser 5 par 8, c'est chercher la huitième partie de cinq unités, ce qui est la même chose que cinq fois le huitième d'une unité ou cinq huitièmes d'unité. La fraction qui complète le quotient, se trouve alors exactement exprimée en dixièmes, en centièmes ou en millièmes.

32. L'expression $\frac{5}{8}$ peut donc être considérée sous deux points de vue différents : 1° comme l'indication d'une division qui n'est pas et qui doit être effectuée ; 2° comme représentant un certain nombre de parties de l'unité, parties dont la grandeur est indiquée par le chiffre placé sous la barre.

Puisque nous possédons un moyen simple et facile pour représenter les parties de l'unité, nous pourrions, à la rigueur, nous passer de tout autre et faire disparaître, de nos traités d'arithmétique, la théorie des fractions ordinaires. Mais l'emploi de ces fractions, considérées sous le premier point de vue, conduisant, souvent avec plus d'exactitude et beaucoup moins de travail, à la solution de certains problèmes, il est donc nécessaire de les conserver et de développer les principes sur lesquels repose le calcul de ces fractions.

Il suit, de ce que nous avons dit des deux manières d'envisager une fraction ordinaire, que l'expression $\frac{5}{8}$ peut se lire ; cinq à diviser par huit, ou cinq huitièmes ; celle-ci $\frac{7}{12}$ sept à diviser par douze, ou sept douzièmes. Et ainsi de toutes les expressions de même forme.

33. Considérée sous le premier point de

vue, une fraction ordinaire représente donc toujours un quotient, dont le nombre supérieur est le dividende, le nombre inférieur le diviseur.

Or, dans toute division, plus le dividende est grand, par rapport au diviseur, plus le quotient est grand; plus au contraire le diviseur est grand et plus le quotient est petit, et réciproquement

34. En considérant une fraction sous le second point de vue, on suppose que le nombre supérieur de cette fraction représente des parties de l'unité, et que le nombre inférieur indique combien l'unité contient de ces parties, en combien de parties, enfin, l'unité a été divisée.

Dans ce cas, le nombre supérieur prend le nom de *numérateur*, le nombre inférieur celui de *dénominateur*.

Or, plus le nombre des parties qui composent l'unité est grand, et plus, évidemment, ces parties sont petites. Donc, plus le numérateur d'une fraction est grand, par rapport au dénominateur, plus la fraction est grande ; plus, au contraire, le dénominateur est grand, et plus la fraction est petite, et réciproquement, ce que nous avons déjà exprimé plus haut en d'autres termes.

35. Il suit de là qu'une fraction étant donnée, si on veut la rendre plus grande, il suffit de rendre son numérateur plus grand ou son dénominateur plus petit; que pour la rendre plus petite, il faut rendre son numérateur plus petit ou son dénominateur plus grand.

Exemple : pour rendre la fraction $\frac{4}{12}$ deux fois plus grande, multiplions son numérateur ou divisons son dénominateur par 2, nous aurons $\frac{8}{12}$ ou $\frac{4}{6}$. Dans le premier cas, nous avons toujours des douzièmes d'unité, mais nous en avons huit au lieu de quatre. Dans le second cas, nous avons le même nombre de parties que précédemment, mais ces parties sont deux fois plus grandes, puisqu'il n'en faut que six pour faire une unité et qu'il en fallait précédemment douze.

On comprend facilement que, pour rendre la même fraction deux fois plus petite, il suffit de diviser son numérateur ou de multiplier son dénominateur par 2, ce qui donne $\frac{2}{12}$ ou $\frac{4}{24}$.

36. De là découle ce principe, le plus important de la théorie des fractions ordinaires :

On ne change pas la valeur d'une faction en multipliant ou en divisant ses deux termes par un même nombre, en rendant les deux termes le même nombre de fois plus grand ou le même nombre de fois plus petit.

Ainsi $\frac{3}{4}$ et $\frac{6}{8}$ exprime la même quantité. En effet, si, dans la seconde fraction, nous avons deux fois plus de parties que dans la première, ces parties sont deux fois plus petites, puisqu'il en faut deux fois plus pour faire l'unité.

Par la même raison $\frac{5}{6}$ égale $\frac{10}{12}$; $\frac{9}{15}$ égale $\frac{3}{5}$, etc.

Les fractions ordinaires étant par leur nature en dehors du sujet que nous nous sommes proposé, nous ne pouvons exposer ici la théorie complète du calcul qui s'y rattache ; nous n'en parlons qu'accidentellement, d'abord pour faire voir comment on peut transformer ces fractions en fractions décimales ; ensuite, pour pouvoir exposer une méthode simple, rationnelle, et encore trop peu connue, à l'aide de laquelle on peut résoudre tous les problêmes, même les plus compliqués, lorsqu'on sait effectuer, sur les nombres entiers et fractionnaires décimaux, les opérations élémentaires de l'arithmétique.

Cette méthode a reçu le nom de méthode de réduction à l'unité. Il suffit, pour la bien comprendre, de savoir multiplier ou diviser deux fractions l'une par l'autre. Nous nous bornerons donc à l'exposition de ces deux opérations, dont la pratique est extrêmement facile.

La multiplication des fractions ordinaires présente deux cas :

On peut avoir une fraction à multiplier par un nombre entier (*), une fraction à multiplier par une fraction.

Multiplier une fraction par un nombre entier, c'est la rendre autant de fois aussi grande qu'il y a d'unités dans ce nombre. Ainsi multiplier $\frac{4}{5}$ par 3, c'est répéter $\frac{4}{5}$ trois fois, cher-

---

(*) On pourrait aussi avoir à multiplier un nombre entier par une fraction, mais comme, dans une multiplication, on peut, sans changer le produit, intervertir l'ordre des facteurs, on est ramené, par là, à multiplier une fraction par un nombre entier.

cher un nombre trois fois aussi grand que $\frac{4}{5}$.
Or, d'après ce que nous avons dit (35), il suffit, pour cela, de multiplier le numérateur par
3, ce qui donne $\frac{12}{5}$.

Cette dernière expression n'est plus une
fraction proprement dite, puisqu'elle représente une quantité plus grande que l'unité ;
c'est ce qu'on nomme un *nombre ou une expression fractionnaire*. C'est 12 à diviser par 5, ce
qui, en effectuant la division, donnerait 2
plus $\frac{2}{5}$.

De même $\frac{3}{7}$ multiplié par 6 donne $\frac{18}{7}$, on 2
plus $\frac{4}{7}$; $\frac{5}{9}$ multiplié par 8 donne $\frac{40}{9}$, ou 4
plus $\frac{4}{9}$, etc.

37. Pour multiplier une fraction par une
fraction, il suffit de multiplier les deux fractions terme à terme, c'est-à-dire, le numérateur de l'une par le numérateur de l'autre, le
dénominateur de la première par le dénominateur de la seconde.

Exemple : $\frac{3}{4}$ multiplié par $\frac{2}{5}$ donne $\frac{6}{20}$.
La démonstration de cette opération est
très-simple : si nous avions à multiplier $\frac{3}{4}$ par
2, nous multiplierions par 2 le numérateur
de $\frac{3}{4}$, ce qui donnerait $\frac{6}{4}$; mais puisque c'est
par le cinquième de 2, par un nombre cinq
fois plus petit que 2 que nous devons multiplier, nous devons obtenir un produit cinq
fois plus petit que $\frac{6}{4}$; pour rendre ce nombre
cinq fois plus petit, il nous suffit de multiplier son dénominateur par 5, ce qui donne
bien $\frac{6}{20}$.

De même $\frac{3}{7}$ multiplié par $\frac{5}{8}$ produit $\frac{15}{56}$; $\frac{3}{6}$
multiplié par $\frac{7}{9}$ produit $\frac{21}{24}$, etc.

Observons ici que nous pourrions simplifier le premier et le troisième de ces produits, en divisant les deux termes de l'un par 2 et les deux termes de l'autre par 3, ce qui n'en changerait pas la valeur (26) ; $\frac{6}{20}$ égale $\frac{3}{16}$; $\frac{21}{45}$ égale $\frac{7}{15}$.

38. La division des fractions ordinaires présente trois cas : on peut avoir à diviser une fraction par un nombre entier, une fraction à diviser par une fraction, et enfin, un nombre entier à diviser par une fraction. Nous expliquerons ces trois cas, quoiqu'il suffise, pour le but que nous nous proposons, de connaître le premier.

Diviser une fraction par un nombre entier, c'est, d'après la meilleure définition de la division, chercher un nombre qui, multiplié par le diviseur, reproduit la fraction dividende ; en d'autres termes, c'est chercher un nombre plus petit que le dividende, autant de fois qu'il y a d'unités au diviseur.

Exemple : diviser $\frac{4}{5}$ par 3, c'est chercher un nombre trois fois plus petit que $\frac{4}{5}$. Il suffit donc, pour obtenir ce nombre, de multiplier (35) le dénominateur de la fraction par 3, ce qui donne $\frac{4}{15}$.

En général, on divise une fraction par un nombre entier, en multipliant le dénominateur de la fraction par ce nombre.

Ainsi, $\frac{3}{4}$ divisé par 5 égale $\frac{3}{20}$; $\frac{7}{8}$ divisé par 6 égale $\frac{7}{48}$, etc.

39. Pour diviser une fraction par une fraction, il suffit de multiplier la fraction dividende par la fraction diviseur renversée.

Exemple : $\frac{3}{4}$ divisé par $\frac{2}{5}$ égale $\frac{3}{4}$ multiplié par $\frac{5}{2}$ ou $\frac{15}{8}$.

En voici la raison : si nous avions à diviser $\frac{3}{4}$ par 2, il nous suffirait de multiplier le dénominateur 4 par 2, ce qui nous donnerait $\frac{3}{8}$; mais nous devons diviser par le cinquième de 2 par un nombre cinq fois plus petit que 2, nous devons donc obtenir un quotient cinq fois plus grand que $\frac{3}{8}$; multiplions donc le numérateur par 5, et nous obtiendrons $\frac{15}{8}$.

De même, $\frac{5}{6}$ divisé par $\frac{3}{7}$ égale $\frac{5}{6}$ multiplié par $\frac{7}{3}$, égale $\frac{35}{18}$; $\frac{7}{9}$ divisé par $\frac{3}{8}$ égale $\frac{7}{9}$ multiplié par $\frac{8}{3}$, égale $\frac{56}{27}$, etc.

40. Enfin, si nous avons un nombre entier à diviser par une fraction, nous multiplierons encore le dividende par le diviseur renversé.

Exemple : 4 divisé par $\frac{3}{5}$ égale 4 multiplié par $\frac{5}{3}$, égale $\frac{20}{3}$.

Même démonstration que la précédente. Si nous avions à diviser 4 par 3, nous écririons $\frac{4}{3}$; mais nous devons diviser par un nombre cinq fois plus petit que 3, nous devons donc obtenir un quotient cinq fois plus grand que $\frac{4}{3}$; ce quotient est bien $\frac{20}{3}$ ou 6 plus $\frac{2}{3}$.

De même, 7 divisé par $\frac{5}{8}$ égale 7 multiplié par $\frac{8}{5}$, égale $\frac{56}{5}$; 6 divisé par $\frac{4}{7}$ égale 6 multiplié par $\frac{7}{4}$, égale $\frac{42}{4}$, etc.

41. Pour en finir avec les fractions, disons

comment on peut convertir une fraction ordinaire en fraction décimale équivalente.

Soit à convertir la fraction $\frac{7}{8}$ en fraction décimale.

Puisque $\frac{7}{8}$ n'est autre chose que 7 à diviser
par 8, effectuons cette division, en suivant la
méthode que nous avons indiquée.

$$
\begin{array}{r|l}
7,0 & 8 \\
60 & \overline{} \\
40 & 0,875 \\
00 &
\end{array}
\qquad \frac{7}{8} \text{ égale donc } 0,875.
$$

En effet, le huitième de 1000 égale 125, et
sept fois ce nombre ou les sept huitièmes de
1000 égalent 875.

Nous trouverons de même que $\frac{3}{4}$ égale 0,75 ;

$$
\begin{array}{r|l}
3,0 & 4 \\
20 & \overline{} \\
00 & 0,75
\end{array}
\qquad \text{que } \frac{11}{16} \text{ égalent } 0,6875, \text{ etc.}
$$

Soit encore à convertir en fraction décimale la fraction $\frac{2}{3}$.

$$
\begin{array}{r|l}
2,0 & 3 \\
20 & \overline{} \\
20 & 0,666 \\
2 &
\end{array}
$$

En divisant 20 par 3, nous
trouvons pour quotient 6
et pour reste 2 ; en ajoutant un zéro à ce reste,
nous obtenons le même dividende que précédemment, et par conséquent, en continuant la
division, le même quotient et le même reste,
et cela indéfiniment.

42. Il arrive très-souvent que des fractions
ordinaires ne se réduisent pas exactement en
fractions décimales. Dans ce cas, les chiffres

du quotient que l'on obtient en divisant le numérateur par le dénominateur, se reprodui-
sent continuellement dans le même ordre. Il
en résulte une espèce particulière de fractions
décimales, à laquelle on a donné le nom de
fractions périodiques. Quand ce cas se présente
dans la pratique, on se contente de conserver
les trois, quatre, ou cinq premiers chiffres, selon le degré d'exactitude qu'exige l'opération.

Les fractions $\frac{8}{11}$, $\frac{6}{7}$, $\frac{4}{15}$, par exemple, donnent lieu, par leur conversion en fractions dé-
cimales, à des fractions périodiques.

$$
\begin{array}{ll|l}
8,0 & & 11 \\
\ \ 30 & & \overline{} \\
\ \ \ 80 & & 0,7272 \\
\ \ \ \ 30 & & \\
\ \ \ \ \ 8 & &
\end{array}
\qquad
\begin{array}{ll|l}
6,0 & & 7 \\
\ \ 40 & & \overline{} \\
\ \ \ 50 & & 0,857142.85 \\
\ \ \ \ 10 & & \\
\ \ \ \ \ 30 & & \\
\ \ \ \ \ \ 20 & & \\
\ \ \ \ \ \ \ 60 & & \\
\ \ \ \ \ \ \ \ 40 & & \\
\ \ \ \ \ \ \ \ \ 5 & &
\end{array}
\qquad
\begin{array}{ll|l}
40 & & 15 \\
100 & & \overline{} \\
\ 100 & & 0,2666 \\
\ \ 100 & & \\
\ \ \ 10 & &
\end{array}
$$

PROBLÊMES DIVERS.

MÉTHODE DE RÉDUCTION A L'UNITÉ.

Dans la solution des problêmes simples que
nous avons résolus jusqu'ici, nous n'avons jamais eu à effectuer, pour chaque problême,
qu'une seule multiplication ou une seule division. La solution des problêmes complexes,

désignés ordinairement par les noms *de règles de trois, d'intérêt, de société, de fausse position, etc.* exige une série d'opérations successives. Presque toujours, dans la solution de ces problêmes, la multiplication doit succéder à la division ; des quotients doivent être multipliés par des nombres plus ou moins grands ; ce qui exige que ces quotients soient cherchés avec une grande approximation, soient poussés jusqu'à un assez grand nombre de chiffres décimaux. Il est évident qu'une petite fraction négligée, sur un nombre qui doit être multiplié par un autre nombre, doit produire au résultat une erreur d'autant plus considérable que le nombre multiplicateur est plus grand.

Cette cause d'inexactitude, lorsqu'on veut l'éviter, rend les opérations très-laborieuses, et multiplie par cela même les chances d'erreurs.

Il est vrai qu'on évite cet inconvénient, en résolvant les problêmes en question, avec le secours des proportions ; mais l'usage raisonné des proportions suppose au calculateur des connaissances arithmétiques assez étendues, et que ne possèdent pas toujours les personnes qui ont à résoudre ces problêmes.

L'emploi des proportions, très-commode sans doute dans certains cas, exige, pour être fait avec intelligence, des connaissances théoriques, sans lesquelles il est impossible de se rendre raison de ses opérations, des procédés qu'on emploie, des résultats bons ou mauvais fournis par ces procédés. Malheureusement, la théorie du calcul a été, jusqu'à cette époque, presque entièrement négligée dans nos écoles, et l'est encore dans un grand nombre. On y calcule, mais sans savoir ce que l'on fait ; on y apprend à grouper des chiffres, mais on ignore souvent dans quel but, pourquoi on emploie tel procédé plutôt que tel autre, et comment ce procédé doit conduire au résultat demandé.

La méthode que nous allons exposer, substituée par les meilleurs arithméticiens à la méthode des proportions, a sur celle-ci l'avantage de n'exiger, pour être employée avec intelligence, que les connaissances les plus élémentaires de l'arithmétique, et rend, dans la plupart des cas, les opérations susceptibles d'être considérablement simplifiées.

Il est souvent avantageux, dans la solution d'un problème qui exige plusieurs opérations successives, de ne pas effectuer les opérations au fur et à mesure qu'elles sont indiquées par le raisonnement, mais d'en intervertir l'ordre naturel. Il faut, alors, à l'aide de certains signes, pouvoir indiquer d'avance toutes les opérations qu'on doit successivement effectuer.

Les signes employés à cet effet sont peu nombreux ; les voici, avec leurs significations :

$+$ Plus, signe d'addition.

$-$ Moins, signe de soustraction.

$\times$ Multiplié par, signe de multiplication.

: Ou une barre horizontale entre deux chiffres.

(*) $\frac{0}{0}$ Divisé par, signes de division.

$=$ Egal, signe d'égalité.

Ainsi, pour indiquer que les nombres 25 et 12 doivent être additionnés, on écrit 25 $+$ 12, et on lit : 25 plus 12.

Pour indiquer que le second doit être soustrait du premier, on écrit 25 $-$ 12, et on lit 25 moins 12.

25×12 indique que le premier de ces deux nombres doit être multiplié par le second. On lit : 25 multiplié par 12.

La division de 25 par 12 peut s'indiquer par 25 : 12, ou $\frac{25}{12}$; ces expressions se lisent 25 divisé par 12.

Enfin, le signe $=$ sert à indiquer que deux quantités, ordinairement différentes de forme, ont la même valeur; ainsi on peut écrire : $17 - 5 + 12 = 8 \times 3 = 24$, qui se lit : 17 moins 5 plus 12 égale 8 multiplié par 3, égale 24.

Dans les exemples qui vont suivre, nous ferons souvent usage des signes de multiplication et de division.

Toutes les opérations qui doivent conduire à la solution d'un problême étant indiquées à l'aide de ces divers signes, il est toujours fa-

---

(*) Nous avons déjà fait connaître ce dernier signe, en parlant des fractions (31).

7^*

cile de voir dans quel ordre on doit les effectuer, pour arriver au résultat le plus promptement et le plus facilement possible.

La solution d'un problême dépend non-seulement des conditions posées dans l'énoncé, mais aussi de la grandeur des diverses quantités connues, à l'aide desquelles on doit trouver la réponse à la question. Telle quantité doit conduire à tel résultat ; une quantité plus petite ou plus grande doit fournir un résultat plus petit ou plus grand.

Il est évident que si on connaissait le résultat que produirait une unité, une simple multiplication ou une division suffirait pour faire connaître immédiatement le résultat correspondant à une quantité quelconque. Toutes les difficultés de la solution d'un problême se réduisent donc à chercher ce que doit produire une unité des quantités données, d'après les conditions indiquées dans l'énoncé. De là le nom de *réduction à l'unité* donné à la méthode, dont nous nous occupons, et que nous allons appliquer à la solution de quelques problêmes.

Problême 60ᵉ. 15 mètres d'étoffe ont coûté 5o francs, combien coûteront 24 mètres ?

Puisque 15 mètres coûtent 5o fr., 1 mètre doit coûter quinze fois moins, ou $\frac{50}{15}$;

Mais 24 mèt. doivent coûter vingt-quatre fois ce que coûte un mètre, ou $\frac{50}{15} \times 24.$

Nous savons (35) que pour multiplier une quantité fractionnaire par un nombre entier, il suffit de multiplier le numérateur de cette quantité par ce nombre, écrivons donc :

Prix de 24 mètres $= \frac{50 \times 24}{15} = \frac{1200}{15} = 80$.

Effectuant les opérations indiquées par les signes, nous multiplions d'abord 50 par 24, ce qui produit 1200 que nous divisons par 15.

Réponse à la question : 80 fr.

Problême 61e. 15 ouvriers ont mis 20 jours pour faire uncertain ouvrage, combien aurait-il fallu de jours si on n'eût employé que 12 ouvriers ?

Ecrivons : 15 ouvriers sont 20 jours ;

1 ouv. serait 15 fois plus de temps, ou 20×15 ;

12 ouvriers doivent être 12 fois moins de temps qu'un ouvrier, ou $\frac{20 \times 15}{12}$

Effectuant les opérations, nous trouverons :

$\frac{20 \times 15}{12} = \frac{300}{12} = 25$. Réponse : 25 jours.

Problême 62e. Une pièce de vin de Bourgogne, contenant 220 litres, coûte 135 fr. Un marchand de vin demande combien il aura d'hectolitres de vin au même prix pour les 3600 fr. qu'il a en caisse ?

Pour 135 fr. on a 220 litr.

Pour 1 fr. on en doit avoir 135 fois moins, ou $\frac{220}{135}$;

Et pour 3600 fr., 3600 fois plus que pour 1 fr., ou $\frac{220 \times 3600}{135} = \frac{792000}{135} = 5866,66$.

Réponse : 5866 litres, 66 centil. ou 58 hectol., 66 lit., 66 centil.

Problême 63ᵉ. Un laboureur a payé 3400 fr.
pour une pièce de terre contenant un hectare
27 ares 75 centiares ; combien aura-t-il d'ares,
au même prix, pour 2500 fr. qu'il a encore à
employer ?

Pour 3400 fr. il a eu : ares $\quad 127,75$;

Pour un fr. il aurait $\quad \dfrac{127,75}{3400}$;

Pour 2500 fr. il aura $\quad \dfrac{127,75 \times 2500}{3400}$

Ayant ici deux o à chacun des termes de
l'expression fractionnaire, nous pouvons, avant
d'effectuer les opérations, supprimer ces o ;
nous rendrons par là les deux termes cent fois
plus petits, ce qui ne doit rien changer au ré-
sultat (36). Nous aurons alors $\dfrac{127,75 \times 25}{34} = \dfrac{3193,75}{34} = 93,93$.

Réponse : 93 ares 93 centiares.

Problême 64ᵉ. 27 kilogrammes 320 grammes
de marchandise ont coûté 48 francs 25 cent. ;
combien coûteront 34 kilogr. 275 gr.

Prix de 27,320 $\quad = \quad 48,25$

Prix d'un kilogr. $\quad = \quad \dfrac{48,25}{27,320}$

Prix de 34,275 $\quad = \quad \dfrac{48,25 \times 34,275}{27,320}$

Supprimant les virgules des deux nombres
de kilogr. et effectuant les opérations, nous
trouvons $\dfrac{1653768,75}{27320} = 60,53$.

Réponse : 60 fr. 53 cent.

Si on voulait, dans un cas semblable, éviter l'embarras des nombres fractionnaires, on pourrait, en supprimant les virgules, réduire les quantités de marchandise en unités de la plus petite espèce. Ainsi, 27 kilog. 320 gr. ne sont autre chose que 27320 gr. ; et 34 kilogr. 275 donnent 34275 gr.

Disons alors : 27320 gr. coûtent fr. 48, 25

Le prix d'un gramme $\dfrac{48,3}{27300}$

Celui de 34275 gr. est de $\dfrac{48,25 + 34275}{27300}$

Ce qui nous ramène à la seconde expression que nous avons trouvée précédemment.

Appliquons cette méthode à la solution d'une règle de trois composée.

Problème 65e. 12 ouvriers, travaillant dix heures par jour, ont été 15 jours pour extraire d'une fouille 350 mètres cubes de terre ; une seconde fouille, de 275 mètres cubes, doit être faite par 8 ouvriers travaillant 12 heures par jour. Combien de jours de travail exigera-t-elle ?

Il est évident que la réponse demandée dépend des différences qui existent entre les quantités de travail, les nombres d'ouvriers et les longueurs des journées. Pour pouvoir plus facilement comparer entre elles ces diverses quantités, rapprochons-les, en écrivant sur une seule ligne, dans un ordre quelconque, les données de la 1re partie du problème ; et, au-dessous les quantités correspondantes de la seconde partie.

Ouvriers 12, heures 10, mèt. cub. 350, jours 15.

      8,   12,   275,   x.

Ne tenant compte d'abord que du nombre des ouvriers, disons :

Puisque 12 ouvriers ont été 15 jours, un ouvrier serait 12 fois plus de jours, ou 15×12 ;

8 ouvriers doivent être 8 fois moins de jours que ne serait un ouvrier, ou
$$\frac{15 \times 12}{8}.$$

Ce premier résultat nous indique combien 8 ouvriers, travaillant dix heures par jour, mettraient de jours à fouiller 350 mèt. cub. Cherchons maintenant combien il leur faudrait de jours, s'ils travaillaient douze heures.

Puisqu'en travaillant 10 heures ils sont
$$\frac{15 \times 12}{8},$$

En travaillant une heure ils seraient 10 fois plus de temps, ou
$$\frac{15 \times 12 \times 10}{8}.$$

En travaillant 12 heures ils doivent être 12 fois moins de jours qu'en travaillant une heure, ou
$$\frac{15 \times 12 \times 10}{8 \times 12}.$$

Ce deuxième résultat nous indique combien les derniers ouvriers seraient de jours, en travaillant 12 heures par jour, pour fouiller 350 mètres ; cherchons enfin combien il leur faudra de jours pour en fouiller 275.

Puisque pour fouiller 250 mèt. il faut

$$\dfrac{15\times12\times10}{8\times12},$$

Pour fouiller un mèt. il faudrait 350 fois moins de jours, ou

$$\dfrac{15\times12\times10}{8\times12\times350};$$

Pour fouiller 275 mèt. il faudra 275 fois plus de jours que pour fouiller un mèt. ou, définitivement,

$$\dfrac{15\times12\times10\times275}{8\times12\times350}.$$

Il ne nous reste plus qu'à effectuer les opérations indiquées dans cette dernière expression. Mais avant d'effectuer ces opérations, nous pouvons faire des réductions qui nous dispenseront d'effectuer toutes les multiplications indiquées. Le facteur 12, qui figure dans les deux termes de l'expression fractionnaire, peut être supprimé de part et d'autre, sans rien changer au résultat (36). Nous pouvons également, et par la même raison, supprimer le facteur 10 du numérateur et le 0 de 350 au dénominateur.

Notre expression se réduit alors à

$$\dfrac{15\times275}{8\times35}=\dfrac{4125}{280}=14{,}73.$$

Réponse à la question : 14 jours 73 centièmes, ou 14 jours $\frac{3}{4}$ à très-peu près.

Résolvons un second problême semblable, en débarrassant la solution des longues explications, dont nous avons accompagné la solution de celui-ci.

Problême 66ᵉ. Un copiste a été occupé 6 heures par jour pendant 8 jours, à transcrire un manuscrit de 240 pages ; chaque page contenant 30 lignes de 70 lettres, terme moyen. Combien le même copiste sera-t-il de jours pour transcrire un autre manuscrit de 150 pages, de 36 lignes à la page et 60 lettres à la ligne, ne pouvant consacrer à ce travail que 4 heures par jour ?

$$\text{Pages } \begin{matrix} 240, \\ 150 \end{matrix} \text{ lignes } \begin{matrix} 30, \\ 36, \end{matrix} \text{ lettres } \begin{matrix} 70, \\ 60, \end{matrix} \text{ heures } \begin{matrix} 6, \\ 4, \end{matrix} \text{ jours } \begin{matrix} 8. \\ x. \end{matrix}$$

Solution :

$$\frac{8\times 150\times 36\times 60\times 6}{240\times 30\times 70\times 4} = \frac{8\times 15\times 36\times 6\times 6}{24\times 3\times 70\times 4} = 7,7.$$

Réponse 7 jours 7 dixièmes.

Cette solution s'obtient en raisonnant ainsi : pour copier 240 pages il a fallu 8 jours, pour une page il en faudrait 240 fois moins, et pour 150 pages, 150 fois plus.

Si la page n'était que d'une ligne il faudrait 30 fois moins de jours, si elle est de 36 il en faut 36 fois plus.

La ligne n'étant que d'une lettre il faudrait 70 fois moins de temps, pour 60 lettres il en faut 60 fois plus.

Si au lieu de 6 heures par jour on ne travaillait qu'une heure il faudrait 6 fois plus de jours ; travaillant 4 heures il en faut 4 fois plus.

Quand le raisonnement nous indique que nous devons multiplier par un certain nombre, écrivons ce nombre au numérateur ; quand

(123)

il nous indique que nous devons diviser, plaçons-le au dénominateur.

Problême 67ᵉ. Trois individus ont fait, en commun, une entreprise pour laquelle ils ont avancé, savoir : Le premier, 850 fr., le 2ᵉ, 675 fr. et le 3ᵉ, 900 fr. ; ils ont fait un bénéfice de 835 francs, qu'ils doivent partager proportionnellement à leurs avances. Que revient-il à chacun d'eux ?

Misé du 1ᵉʳ, 850   C'est avec 2425 fr. qu'ils
    du 2ᵉ, 675   ont gagné 835 fr., donc
    du 3ᵉ, 900   avec un franc on doit gagner $\frac{835}{2425}$.
Total. . 2425

Celui qui a fait une avance de 850 fr., doit retirer, pour sa part, 850 fois le gain d'un franc ; le 2ᵉ, 675 fois ; le 3ᵉ, 900 fois. Le bénéfice est donc :

Pour le 1ᵉʳ, $\dfrac{835\times850}{2425}$ = fr. 292,68

Pour le 2ᵉ, $\dfrac{835\times675}{2425}$ = fr. 232,42

Pour le 3ᵉ, $\dfrac{835\times900}{2425}$ = fr. 309,90

Total. . fr. 835,00

Si le nombre des partageants était plus grand, il serait plus expéditif de chercher d'abord le bénéfice produit par 1 franc, (le marc le franc), et de multiplier ensuite ce bénéfice par la mise de chaque associé ; mais il faudrait alors, pour obtenir la même exactitude, pousser le quotient de la somme à partager par le total des mises, jusqu'à quatre ou cinq chiffres décimaux. Nous allons employer ce dernier procédé dans la solution du problême suivant.

Problême 68e. Un négociant en faillite abandonne une valeur de 8735 fr. 75 à cinq créanciers, auxquels il doit, savoir :

Au 1er, fr. 3745,25
Au 2e, 6984,67   Que revient-il à
Au 3e, 9378,42   chacun des créan-
Au 4e, 8250,00   ciers ?
Au 5e, 7329,38

Total. . . 35687,72

En divisant la somme à partager par le total des créances, nous trouverons le marc le franc, c'est-à-dire ce qui reviendrait à une créance d'un franc : cela fait, il est évident que nous trouverons ce qui revient à chaque créancier, en multipliant le marc le franc par le montant de chaque créance.

Le quotient de notre division devant être multiplié par de grands nombres, nous devons le pousser jusqu'à cinq ou six chiffres décimaux, au moins.

8735,75,0
15982060
17069720
27946320
29649160
10989840
.283524

35687,72
0,244783

Marc le franc : 0,244783.

En multipliant ce nombre successivement, par chacune des cinq créances, nous trouverons qu'il revient

Au 1er créancier : fr.   916,78
Au 2e ——   fr.   1709,73
Au 3e ——   fr.   2295,68
Au 4e ——   fr.   2019,45
Au 5e ——   fr.   1794,11
          Total.   .   fr.   8735,75

Problême 69e. Une personne possède un capital de 12800 fr., qui lui rapporte 6 pour 100 d'intérêt : combien a-t-elle de revenu ?

Puisque 100 fr. rapportent 6 fr., un franc doit rapporter $\frac{6}{100}$; 12800 fr. rapportent donc $\frac{6 \times 12800}{100}$ = fr. 768,00.

Cette solution, d'une extrême simplicité, nous fait voir que l'intérêt d'un capital quelconque, pour un an, s'obtient en multipliant le capital par le taux de l'intérêt et en divisant le produit par 100, c'est-à-dire en retranchant au produit deux chiffres décimaux, indépendamment de ceux qui pourraient se trouver aux facteurs de la multiplication.

Problême 70e. Que rapporterait d'intérêt, en un an, la somme de 7825 fr. 40 cent., au taux de 4 fr. 75 cent. pour 100 ?

Intérêt de 100 fr. $=$ 4,75

Id. de 1 fr. $= \dfrac{4,75}{100}$

Id. de fr. 7825, 40 $= \dfrac{4,75 \times 7825,40}{100} =$ francs

371,7065oo.

Réponse : 371 fr. 70 ou 71 cent.

Problème 71ᵉ. Combien un agent de change doit-il prélever d'escompte sur le montant d'un billet de 3500 fr., payable dans 40 jours ; le taux de l'escompte étant de 5 o⟋o par an ?

L'escompte, dans ce cas, n'est autre chose que l'intérêt de la somme portée au billet, pour le temps qui doit s'écouler jusqu'à l'échéance.

Observons que pour simplifier les calculs d'intérêt, dont on fait un si fréquent usage dans le commerce, on est convenu de ne compter que 360 jours dans l'année, 30 jours par mois. La différence produite sur les résultats, par cette petite modification, n'est réellement sensible que sur des sommes considérables ; et d'ailleurs, consacrée qu'elle est par l'usage, cette manière de compter les intérêts étant devenue légale, nous devons nous y conformer.

En conséquence, nous raisonnerons notre solution ainsi :

(127)

Intérêt de 100 f. p. 360 jours $=$ 5

$Id.$ de 1 fr. — — $= \dfrac{5}{100}$

$Id.$ de 3500 — — $= \dfrac{5 \times 3500}{100}$

$Id.$ $Id.$ pour 1 jour, $= \dfrac{5 \times 3500}{100 \times 360}$

$Id.$ $Id.$ pour 48 jours $= \dfrac{5 \times 3500 \times 48}{100 \times 360}$

$= \dfrac{840000}{56000} = \dfrac{840}{36} = 23,33.$

Réponse, 23 fr. 33 cent.

Problême 72°. Combien doit-on d'intérêt, au bout de 65 jours, pour une somme de 837 francs 35 cent., prêtée à raison de 6 o[o par an ?

Intérêt de 100 fr. pour 360 jours $=$ 6

$Id.$ d'un fr. $Id.$ — $= \dfrac{6}{100}$

Intérêt de 837,35 — — $= \dfrac{6 \times 837,35}{100}$

$Id.$ $Id.$ pour 1 jour $= \dfrac{6 \times 837,35}{100 \times 360}$

$Id.$ pour 65 jours $= \dfrac{6 \times 837,35 \times 65}{100 \times 360}$

En effectuant les opérations indiquées par les signes, nous trouverons que $\dfrac{6 \times 837,33 \times 65}{100 \times 360}$

$= \dfrac{326566,503}{36000} = \dfrac{26,56610}{36}$ 9,071, environ 9 fr. 07 cent.

En examinant les diverses expressions précédentes, séparées l'une de l'autre par le signe $=$, on a dû s'apercevoir que, pour simplifier la division, nous avons supprimé les trois o du diviseur 36000, et que nous avons reculé la virgule du dividende de 3 rangs vers la gauche : nous n'avons fait, par là, que rendre mille fois plus petit chaque terme de la division, ce qui n'a pas dû altérer le résultat (36).

Mais, voyons s'il ne serait pas possible d'introduire quelque simplification dans la solution de ce problême, ou plutôt de tous les problêmes du même genre.

Reprenons notre première expression : $\dfrac{6 \times 837,35 \times 65}{100 \times 360}$

En supprimant le facteur 100 au diviseur et reculant la virgule du dividende de 2 rangs vers la droite, nous ne changerions pas la valeur de l'expression, et nous aurions $\dfrac{6 \times 8,3735 \times 65}{360}$.

En supprimant le o du diviseur, ce qui le rendrait 10 fois plus petit, et reculant encore d'un rang la virgule du dividende, nous aurions $\dfrac{6 \times 0,83735 \times 65}{36}$

Enfin, en supprimant le facteur 6 du dividende et prenant le 6e de 36, nous aurions

$$\frac{0,83735 \times 65}{6} = 9,071.$$

Ces réductions successives nous ont conduits à la formule qu'emploient journellement les banquiers et négociants, pour calculer les intérêts, formule qui nous indique que, pour trouver l'intérêt d'un capital quelconque, pour un nombre quelconque de jours, à raison de 6 pour 100 par an, il faut multiplier le capital par le nombre de jours, séparer au produit 3 chiffres décimaux, indépendamment de ceux qui peuvent s'y trouver déjà, et prendre le 6e du nombre qui en résulte.

Un exemple sur le 5 pour cent va nous fournir la formule qui correspond à ce taux d'intérêt.

Problême 72e. Quel est, pour 86 jours, l'intérêt de 675 fr., au taux de 5 o|o par an?

Intérêt de 100 fr. pour 360 jours $= 5$.

$$Id. \text{ d'un fr.,} \qquad Id. \qquad = \frac{5}{100}$$

$$Id. \text{ de 675 fr.} \qquad Id. \qquad = \frac{5 \times 675}{100}$$

$$Id. \qquad Id. \text{ pour 1 jour} \qquad = \frac{5 \times 675}{100 \times 360}$$

$$Id. \qquad Id. \text{ pour 86 jours} \qquad = \frac{5 \times 675 \times 86}{100 \times 360}$$

Supprimant 100 au diviseur, et séparant 2 chiffres décimaux au capital 675, notre expression devient $\dfrac{5\times6,75\times86}{360}$

Supprimons le facteur 5 au dividende et divisons 360 par 5 : $\dfrac{360}{5} = 72$; nous aurons

$$\frac{6,75\times86}{72} = \frac{580,50}{72} = 8,062.$$

Intérêt demandé, fr. 8,062 millimes.

Nos réductions nous ont conduits à multiplier le capital par le nombre de jours, séparer 2 chiffres décimaux au produit et diviser ce produit par 72.

On arriverait à des formules semblables, en prenant pour taux d'intérêt, 3 ou 4 pour 100. Après avoir multiplié le capital par le nombre de jours, et séparé au produit, trois chiffres décimaux, indépendamment de ceux du capital (s'il y en a), on divise le quotient par 9, si le taux est 4, par 12 si le taux est 3.

Problême 73e. Le 15 janvier dernier, le cours des rentes à 5 p. 0|0 était, à la bourse de Paris, de 112,25. Un capitaliste ayant employé 12500 à l'achat de rente, au cours de ce jour, on demande 1° combien il a obtenu de rente; 2° combien il perdrait sur son capital, s'il se trouvait plus tard dans la nécessité de vendre sa rente au cours de 97,45 ?

1° Rente de 112,25, cours du 15 janvier = 5.

Rente de 1 fr. $\dfrac{5}{112,25}$

Rente de 12500 $\dfrac{5\times12500}{112,25}$

Effectuant les opérations indiquées par cette dernière expression, nous trouverons :

$$\frac{5\times12500}{112,25} = \frac{62500}{112,25} = \frac{6250000}{11225} = 556,79.$$

Réponse à la première question : 556 fr. 79 c.

2° Puisque 5 fr. de rente coûtent à notre capitaliste 112,25, et qu'il ne doit les vendre que 97,45, il perdra, sur une rente de 5 fr., 112,25 — 97,45 = 14,80 ; posons donc :

Perte sur 5 fr. de rente = 14,80

$$\text{Sur 1 fr.} = \frac{14,80}{5}$$

$$\text{Sur 556 fr. 79 c.} = \frac{14,80\times556,79}{5} =$$

$$\frac{8240,4920}{5} = 1648,098.$$

Rép. à la deuxième question : 1648 fr. 10 c.

Problême 74e. Un homme possède une rente sur l'état, au taux de 5 p. 0|0, montant à 637 fr. 45 centimes ; quel capital doit-il retirer de sa rente en la vendant au cours de 108,75 ?

Solution :

5 fr. de rente, au cours indiqué, valent   108,75

1 fr.   *id.*   *id.* $= \dfrac{108,75}{5}$

637 fr. 45 c. *id.*   *id.* $= \dfrac{108,75 \times 637,45}{5}$

$= \dfrac{69322,6875}{5} = 13864,5375.$

Réponse : 13864 fr. 54 c.

Les bornes que nous nous sommes prescrites ne nous permettent pas de pousser plus loin nos exemples ; nous allons terminer cette partie de notre ouvrage par l'application de la méthode de réduction à l'unité, à la solution de l'un des problêmes les plus difficiles, en apparence du moins, de l'arithmétique proprement dite. Nous ne donnons ce problême, seulement curieux, et en dehors du domaine de l'arithmétique usuelle, que pour montrer le parti que l'on peut tirer de la méthode en question, méthode que nous nous proposons de développer incessamment dans un traité complet d'arithmétique théorique et pratique.

Problême 75ᵉ et dernier. Un père a partagé sa fortune à ses enfants de la manière suivante : il a donné au premier 1000 fr., plus le huitième de ce qui restait après avoir pris ces 1000 fr. ; au deuxième, 2000 fr., plus le huitième du reste ; au troisième 3000 fr., plus le huitième du reste, et ainsi de suite jusqu'au dernier, en augmentant toujours de 1000 fr. la portion connue de chaque part.

Le partage achevé, les enfants se sont trouvés avoir des parts égales.

On demande quelle était la somme à partager, combien il y avait de partageants, et quelle a été la part de chacun.

En réfléchissant sur l'énoncé de ce problême, on s'aperçoit bientôt que si l'on connaissait la somme à partager, tout serait bientôt connu, car on en déduirait facilement la part de chaque partageant, et par conséquent le nombre de ces derniers; c'est donc à la recherche de cette somme que nous devons nous attacher.

N'ayant aucun moyen direct pour trouver cette somme, nous en supposerons une quelconque assez grande pour en pouvoir extraire au moins les parts des deux premiers enfants ; en outre, pour éviter autant que possible les nombres fractionnaires, nous choisirons un nombre tel, que la part du premier, et s'il est possible, celle du second, déduites de ce nombre d'après les conditions du partage, soient représentées par des nombres entiers.

Supposons donc que la somme à partager soit de 9000.

Le premier partageant prenant d'abord 1000 fr., il en reste 8000, dont le huitième est 1000, ce qui lui fait pour sa part 2000. Reste 7000 fr. de toute la somme. Le second prend 2000 fr., plus 625, huitième des 5000 fr. restant. La part de celui-ci est donc de 2625 fr. Mais elle doit être égale à celle du premier, et elle en diffère de 625 fr., d'où nous concluons que la somme à partager n'est pas celle que nous avons supposée.

Augmentons le nombre supposé d'une unité, et voyons ce que produira sur la différence cette unité d'augmentation : soit 9001 à partager.

Le premier ayant pris 1000 fr., reste 8001, dont le huitième est 1000,125, ce qui donne, pour la part du premier, 2000,125. Le deuxième ayant pris 2000, il reste, de la somme totale, 500,875, dont le huitième, 625,109375, ajouté à 2000, donne pour la part de ce dernier 2625,109375.

$$\begin{array}{ll} \text{De} & 2625,109375 \\ \text{Retranchons} & 2000,125 \\ \hline \text{Reste} & 624,984375 \end{array}$$

pour la différence des deux nouvelles parts. Cette différence est plus petite que la première de 0,015625.

Puisque ces différences sont les résultats d'erreurs qu'il faut faire disparaître, et que la seconde est plus petite que la première, nous nous sommes approchés de la vérité, en augmentant la somme primitivement supposée. De combien devons-nous augmenter cette somme, pour atteindre la véritable somme cherchée? D'autant d'unités, évidemment, que le nombre 0,015625 est contenu de fois dans 625, résultat de notre première fausse supposition, car chaque unité d'augmentation sur la somme supposée diminuant de 0,015625, la différence des deux parts, nous réduirons cette différence à 0 en augmentant, nous la

(135)

répétons, d'autant d'unités que 625 contient de fois 0,015625.

Divisons : 625,000000 |0,015625
            000,000000 |40000

Ayant 6 chiffres décimaux au diviseur, nous ajoutons autant de zéros au dividende pour pouvoir avancer notre virgule de 6 rangs (27), et nous trouvons pour quotient 40000, d'où nous concluons que la somme à partager était de 9000 + 40000 ou 49000 fr.

En effet, le premier doit avoir 1000 fr. plus le huitième de 48000, en tout 7000 fr. ; le deuxième 2000 fr. plus le huitième de 40000, en tout 7000 fr. ; le troisième 3000, plus le huitième de 32000, en tout 7000 fr., etc.

La part de chaque partageant a donc été de 7000 fr., et les partageants étaient sept.

Toutes les questions dites de double fausse position, peuvent se résoudre de la même manière.

TROISIÈME PARTIE.

Quoique nous n'ayons promis qu'un simple tableau comparatif des mesures anciennes et nouvelles, nous allons indiquer, avec autant de développement que le permet l'espace qui nous reste, la manière de trouver soi-même les rapports des mesures de longueur, de surface et de solidité anciennes à leurs analogues dans le système métrique.

Toutes les mesures anciennes avaient pour base la toise ou l'une de ses subdivisions. Nous avons dit, page 10, que la longueur du quart du méridien terrestre était de 5.130.740 toises, et que le mètre était la dix-millionième partie de cette longueur; donc 5.130.740 toises équivalent à 10.000.000 de mètres.

Tous les rapports sont compris dans celui de ces deux nombres.

En effet, divisons 5.130.740 par 10 millions, nous aurons pour la valeur du mètre, cette fraction décimale de toise : 0,5130740, ou, plus simplement, en négligeant les derniers chiffres : 0,513.

Convertissons cette valeur du mètre en subdivisions de la toise : la toise vaut 6 pieds; nous devons avoir, dans la valeur du mètre, 6 fois plus de pieds que nous n'avons de toises; multiplions donc 0,5130740 par 6, nous trouverons, après avoir séparé 7 chiffres décimaux, $3^{Pi.}$,0784440. Réduisons cette fraction de pied en pouce, en la multipliant par 12, elle nous donnera : $0^{Po.}$,9413280. Enfin si nous multiplions cette fraction de pouce par 12, pour la convertir en ligne, nous trouverons $11^{Li.}$,2959360.

Le mètre équivaut donc à 3 pieds, 0 pouce, 11 lignes et 296 millièmes de ligne, à moins d'un millième de ligne près.

Pour savoir maintenant ce qu'une toise vaut en mètre, divisons 10.000.000 par 5.130740,

nous trouverons 1,949; un mètre et 949 millimètres, à très-peu près.

Si nous divisons la valeur de la toise par 6,
nous trouverons, pour la valeur d'un pied,
0M.,32484, ou 325 millimètres, à très-peu
près.

En divisant ce dernier nombre par 12, nous
verrons qu'un pouce vaut 0M., 02707, ou à
très-peu près 27 millimètres.

On trouverait de même, pour la valeur
d'une ligne, 0,002256, ou 2 millimètres et
256 millièmes de millimètre.

Une toise carrée ayant, d'après cela,
1M.,949 de long sur autant de large, il suffit
de multiplier ce nombre par lui-même pour
trouver en mètres carrés la valeur de la
toise, qui est de 3M. Q.,7987.

La valeur d'un pied carré s'obtiendra de
même, en multipliant par lui-même le nombre 0 M., 1055 ou 10 décimètres carrés et 55
centièmes de décimètre carré, etc.

Soit maintenant à réduire en mètres carrés, c'est-à-dire en centiares, une mesure
agraire quelconque, la perche ou corde de 20
pieds, par exemple; 20 pieds de long donnent
6M., 497; une perche a donc 6M.,497 de long
sur autant de large, dimensions qui multipliées l'une par l'autre, donnent pour la valeur de la perche carrée : 42M. Q., 21 ou 42
centiares et 21 centièmes d'are, à très-peu
près.

Il est facile de faire, pour une mesure quelconque, ce que nous venons de faire pour la perche de 20 pieds.

Passons aux solides.

La toise cube a $1^{M.}$,949 de long sur autant de large et autant de hauteur ; multiplions ce nombre deux fois par lui-même, et nous verrons qu'une toise cube vaut $7^{M.\ C.}$, 4039 ou 7 stères et environ 4 dixièmes.

La valeur du pied cube se trouvera également, en multipliant deux fois par lui-même, le nombre 0,32484. Un pied cube vaut $0^{M.\ C.}$,03428, un peu plus de 34 millistères.

La solive de bois de charpente étant de 3 pieds cubes, vaut, par conséquent, 3 fois 0,03428 ou 0 mètre cube 10283. Le décistère équivaut donc à peu près à la solive.

La corde de bois de chauffage, qui était de 112 pieds cubes à Paris, et de 128 à Troyes, vaut à Paris 3 stères 839 millistères, et à Troyes 4 stères 388.

Connaissant la valeur du pied cube et le nombre de pieds cubes contenu dans une mesure quelconque, il est facile d'en déduire l'équivalent de cette mesure en mètres cubes.

Avant d'aller plus loin, disons qu'en 1812, on établit en France un système de mesures transitoires, qui ne fit peut-être qu'augmenter la confusion, en ajoutant de nouvelles mesures aux mesures anciennes déjà trop multipliées, et en perpétuant l'usage des dénominations et des subdivisions anciennes, appliquées alors à des mesures métriques.

Ainsi, le tiers de mètre, ne différant pas

(139)

considérablement du pied ancien, fut appelé *pied métrique*, et subdivisé en pouces, lignes, points, comme l'était l'ancien pied.

Six de ces pieds, ou 2 mètres, formèrent la toise métrique.

L'aune de Paris différait peu de 12 décimètres; le nom d'aune fut appliqué à cette longueur, et cette aune métrique, subdivisée en demi, tiers, quarts, etc., fut substituée à toutes les aunes anciennes.

Le quart d'hectolitre reçut le nom de boisseau et remplaça, sur tous les marchés, les diverses mesures de même nom.

Le demi-kilogramme, approchant beaucoup de la livre de 16 onces, on nomma livre, le demi-kilogramme, et on le subdivisa comme l'ancienne livre, en onces, gros, etc.

On nomma quintal métrique, le poids de 100 livres métriques, et, plus tard, le poids de 100 kilogrammes.

Malgré l'interdit porté, à cette époque, par divers décrets impériaux sur les mesures anciennes, la toise et le pied restèrent en usage dans la mesure des terres, des bois de charpente et de chauffage, et des matériaux de construction. De telle sorte que, depuis 1812 jusqu'au 1er janvier 1840, on fit usage en France de deux espèces de toises et de deux pieds différents.

Il faut donc bien observer, lorsqu'on a occasion de réduire des pieds ou des toises en mètres, si la mesure que l'on veut réduire est

8*

une mesure ancienne ou une mesure métrique.

Nous allons donc présenter, dans un petit
tableau, la réunion de ces divers rapports.

Les anciennes mesures de capacité étant à
peu près oubliées, et n'ayant pas d'ailleurs de
type auquel on puisse les rapporter, nous ne
pourrons donner que le rapport du boisseau
au double décalitre.

Les diverses aunes employées avant 1812
étant également oubliées, nous n'établirons
que le rapport de l'aune métrique au mètre.

Il en sera de même de la livre ancienne et
de ses subdivisions. La livre métrique ou demi-kilogramme, étant la seule en usage de
1812 à 1840, nous nous contenterons de dire
que la livre ancienne équivalait à 489 grammes 51.

TABLEAU

Comparatif des anciennes mesures aux nouvelles.

Longueurs :

Une toise vaut	1 mètre	949
Un pied *id.*	0 *id.*	32484
Un pouce *id.*	0 *id.*	027027
Une ligne *id.*	0 *id.*	002252
Une aune *id.*	1 *id.*	2
Une demi-aune vaut	6 décimètres.	
Un tiers *id.*	4	
Un quart *id.*	3	
Un sixième *id.*	2	
Un huitième *id.*	15 centimètres.	

Une lieue, de 25 au degré, 4444 mètres.

Surfaces.

	mètres quarrés.
Une toise carrée vaut	3,7987
Un pied carré	0,1055
ou en décimèt. car.	10,55
Le pouce carré vaut, en centi-mètres carrés,	7,33
La perche de 20 pieds,	42^c 21
L'arpent de 100 perches,	42^{ar} 21^c

Volumes.

La toise cube vaut, en mètres cubes,	7^m4039
Le pied cube, en décimèt. cub.	34^d28
Le pô. cube, en centimèt. cub.	19,84
La solive en stères,	0,10283
La corde de bois de chauffage de Paris, en stères,	3,839
De Troyes, *id.*	4,388

Capacités.

Le boisseau vaut 25 litres ou un double décalitre et 5 litres.

Poids.

La livre vaut	500 grammes.
L'once,	31,25
Le gros,	3,90625
Le grain,	0,05425

COMPARAISON DES NOUVELLES MESURES AUX AN-CIENNES.

Longueurs.

	pieds	pouces	lignes
Un mètre vaut	3 —	0 —	11,296

Un décimètre,   0 — 3 — 8,3396
Un centimètre,   0 — 0 — 4,433
Un mètre vaut cinq sixièmes d'aune.

Surfaces.

Un mèt. carré vaut, en pieds carrés, 9,4752
Un décimèt. carré, en pouces carrés, 13,644
Un centimèt. carré, en lignes carrées, 19,648

Un are en perche de 20 pieds, $2^a 37^c$
Un arpent en hectares, $2^h 37^a$

Volumes.

Un mètre cube en pieds cubes,   29,17
Un décimèt. cube en pouces cubes, 50,406
Un centimèt. cube en lignes cubes, 87,101
Un stère en solives,   9,723
Un décistère   *id.*   0,9723
Un stère en corde de Paris,   0,26
    id.   *id.*   de Troyes,   0,228
ou 7 pieds-cordes 29 centièmes environ.

Capacités.

Le double décalitre vaut quatre cinquièmes de boisseau.

Poids.

Un myriagramme vaut   2 livres.
Un kilogramme   20 livres.
Un hectogr.   0 liv. 3 onc. 1 gros 40 grains.
Un décagramme,   2 gros 40 grains.
Un gramme,   18 grains 4 dixièmes.

SUPPLÉMENT.

Nous n'avons parlé, dans ce qui précède, que des mesures usuelles. La science a aussi des mesures que la réforme n'a pas épargnées.

Dans les applications de la géométrie à la géodésie, à la géographie et à l'astronomie, on divisait le quart de la circonférence d'un cercle en 90 parties nommées degrés ; le degré se divisait en 60 minutes, la minute en 60 secondes, la seconde en 60 tierces. La lieue terrestre était la vingt-cinquième partie d'un degré de la circonférence de la terre.

Dans le nouveau système, le quart de la circonférence est divisé en 100 *grades*, le grade se subdivise en décigrades, centigrades et milligrades.

En 1812, on convint de diviser le grade en 100 minutes, la minute en 100 secondes, etc. Ces subdivisions portaient le nom de minutes, secondes, tierces *centésimales*. Cette nomenclature vicieuse et superflue doit être rejetée.

D'après la nouvelle division de la circonférence, le grade terrestre vaut 10 myriamètres, le décigrade un myriamètre, le centigrade, un kilomètre et le milligrade un hectomètre.

Puisque 100 grades équivalent à 90 degrés, 15 grades valent 9 degrés, et réciproquement. Il suit de là qu'une distance géographique ou astronomique étant donnée en degrés, il est toujours facile de la convertir en grades.

On tenta d'appliquer aussi le système décimal à la division du temps, on proposa de diviser le jour, c'est-à-dire le temps d'une révolution apparente du soleil autour de la terre, en 10 parties au lieu de 24; ces parties ou heures décimales devaient être divisées en minutes, secondes, et tierces centésimales.

Cette réforme ne fut pas adoptée. On en devine facilement la raison.

En physique, les échelles de divers instruments tels que le baromètre, le thermomètre et l'aréomètre ou pèse-liqueur, étaient divisées ainsi qu'il suit :

Celle du baromètre, en pouces et en lignes.

Celle des thermomètres de Réaumur, Deluc et autres, en 80 degrés, depuis la température de la glace fondante jusqu'à celle de l'eau bouillante.

Celle des aréomètres les plus répandus était divisée en 36 ou en 60 degrés.

Actuellement, l'échelle barométrique se divise en millimètres.

L'échelle thermométrique, entre les deux points correspondants aux températures fixes de la glace fondante et de l'ébullition de l'eau, se divise en 100 parties ou *grades*, nommées aussi *degrés centésimaux*.

La division de l'aréomètre est la même que celle du thermomètre.

FIN.

ils ont été vaincus par le
convoitises. Gardez-vou
vous apprivoiser jamais a
vous-même.

111. Les plus gra
Saints ont frémi à
seule pensée de l'état
leurs âmes devant Di
On a ouï soupirer
anachorètes et les pé
tens à l'heure de la mo
dans l'attente des for
dables arrêts de la
tice divine, ne sac
ce qu'ils étaient, ni
qu'ils pouvaient deve

LA GÉOMÉTRIE

DE

L'INSTITUTEUR PRIMAIRE,

Par N. COTTER.

Un ouvrage manque aux Instituteurs : c'est un Traité élémentaire de Géométrie, appuyé sur une théorie complète et rigoureuse, mais simple et facile, contenant tout ce qu'il est nécessaire d'enseigner dans les écoles primaires ; un ouvrage peu volumineux et dans lequel, cependant, l'utilité de la géométrie soit démontrée par de nombreuses applications aux arts, aux sciences, et surtout aux professions les plus communes.

Concision, clarté, utilité, modicité du prix, telles sont les conditions imposées à tout ouvrage destiné aux écoles primaires, et qu'espère remplir l'auteur de l'ouvrage annoncé.

Cet ouvrage doit faire partie d'un *Cours complet de sciences mathématiques et physiques à l'usage des Instituteurs*, composé de quatre à cinq petits volumes, qui paraîtront successivement dans le cours de cette année et de la suivante.